第三极学记

薛强 ◎ 著

科学技术文献出版社
SCIENTIFIC AND TECHNICAL DOCUMENTATION PRESS

·北京·

图书在版编目（CIP）数据

第三极学记 / 薛强著 . —北京：科学技术文献出版社，2023.9（2024.1重印）
ISBN 978-7-5235-0731-5

Ⅰ.①第　Ⅱ.①薛　Ⅲ.①青藏高原—科学考察　Ⅳ.① N82

中国国家版本馆 CIP 数据核字（2023）第 169737 号

第三极学记

策划编辑：刘　英　陈梅琼　责任编辑：韩　晶　责任校对：张永霞　责任出版：张志平

出　版　者	科学技术文献出版社
地　　　址	北京市复兴路15号　　邮编　100038
编　务　部	（010）58882938，58882087（传真）
发　行　部	（010）58882868，58882870（传真）
邮　购　部	（010）58882873
官 方 网 址	www.stdp.com.cn
发　行　者	科学技术文献出版社发行　全国各地新华书店经销
印　刷　者	北京时尚印佳彩色印刷有限公司
版　　　次	2023 年 9 月第 1 版　2024 年 1 月第 2 次印刷
开　　　本	710×1000　1/16
字　　　数	97千
印　　　张	9
书　　　号	ISBN 978-7-5235-0731-5
定　　　价	98.00元

序一

习近平总书记在致第二次青藏高原综合科学考察研究队的贺信中指出："青藏高原是世界屋脊、亚洲水塔，是地球第三极，是我国重要的生态安全屏障、战略资源储备基地，是中华民族特色文化的重要保护地。"这充分体现了青藏高原在中国、世界和历史发展中的独特地位和重要作用。

从地理格局的视角来看，高耸的青藏高原是我国三级地理阶梯中的最高一级，258万平方千米的广袤土地使其成为中国面积最大的地理单元，和中低纬度毗邻高地一起形成地球第三极；青藏高原汇聚了普若岗日、古里雅、阿扎等雄浑壮观的近10万条冰川，滋养了纳木错、色林错、青海湖等绚丽多姿的1000多个湖泊，孕育了长江、黄河、澜沧江、雅鲁藏布江、怒江等10多条全球著名的大江大河。从环境变化的视角来看，青藏高原改变了地球行星风系，使得我国东部地区由干旱沙漠环境变成了湿润季风环境；青藏高原生态环境的稳定性在维持亚洲乃至全球的气候系统中发挥着重要作用。从国家战略的视角来看，习近平生态文明思想将青藏高原生态环境保护与可持续发展提升到了历史新高度，《中华人民共和国青藏高原生态保护法》正式颁布，为青藏高原生态保护开启了新征程。从惠世价值的视角来看，正是有了青藏高原才有了我国东部的鱼米之乡；青藏高原调节着亚洲环境；青藏高原造就了诸多文明；青藏高原科考成果和生态文明高地建设将为全球生态保护作出贡献……

第二次青藏科考围绕青藏高原环境变化这一关键科学问题，聚焦"亚洲水塔"、生态系统与多样性、双碳潜力、极高海拔环境、灾害

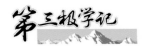

风险、隆升过程与战略资源远景、人类活动影响下的绿色发展、地球系统综合观测与科学平台等科考内容，作出世界级原创成果，为青藏高原生态文明高地建设和全球生态环境保护作贡献。

薛强同志是领导青藏科考国家专项的优秀管理专家。他对青藏高原由初识到熟悉、由熟悉到热爱、由热爱到执着，这是他全身心投入青藏科考国家专项系统设计和管理的动力。他多次深入青藏高原一线，现场指导科考工作，感动了我们一线科考队员。

薛强同志有极强的学习能力，他站在国家和全球高度，对青藏高原的历史、现状和未来进行了深度思考，对第二次青藏科考进行科学管理、宏观管理、高效管理，充分发挥了一名优秀科技管理干部在推动国家科技事业发展中的重要作用。本书是薛强同志在深入学习领会习近平生态文明思想和青藏高原生态文明高地建设重大战略基础上形成的一部精品著作，也是他极强学习能力的科学注解。

本书从开篇的"亚洲水塔"到后记的"惠世价值"，高度凝练地展示了一位科技管理专家对第二次青藏科考十大任务实施的阶段性进展总结。更难能可贵的是，本书从水、气候、地理、历史、文化、精神的多层维度，深入浅出地阐释了青藏高原研究的重大意义、对青藏高原研究的重要认识、青藏高原研究的惠世价值……这是一部值得收藏的好书，期望读者能够从书中得到启迪，带着像作者一样的情怀和热爱走进青藏高原、认知青藏高原、保护青藏高原。

姚檀栋

中国科学院院士

第二次青藏科考队队长

序二

　　青藏高原作为地球第三极，对我国、亚洲甚至北半球的人类生存环境和可持续发展起着重要的生态安全屏障作用，其保护与绿色发展受到了习近平总书记、党中央和国务院的高度关心与重视。同时，作为地球上最独特的地质—地理—资源—生态单元，青藏高原是开展地球与生命演化、圈层相互作用及人地关系研究的天然实验室，也一直是地球系统科学考察研究领域的热点区域之一。

　　从过去的气候变化角度看，整个第三极地区的自然与社会环境发生了显著的变化，气候变暖幅度是同期全球平均值的近两倍。在气候暖湿化的总体背景下，青藏高原的生态环境整体趋好，但发生自然灾害的风险也有所增加，是全球变暖背景下环境变化不确定性最大的地区。尤其是第三极的环境变化将通过地球多圈层间的联动效应，对全球的气候变化、水资源安全和碳汇功能产生深远影响。

　　本书作者从自身经历的系列科学考察研究活动出发，聚焦气候变化、水资源、碳排放、战略资源能源储备等与人类生存和发展密切相关的重大科学问题，深度剖析第三极对区域乃至全球的价值。特别是以青藏高原的地缘格局及对人类生存与发展的深远影响为例，生动阐述了地理、历史和文化之间的深层次关系，深刻探讨了人与自然和谐共生的重大社会命题，内容引人入胜、发人深省。希望读者借本书能够进一步认识地球第三极，提升生态环境保护意识，守护好世界上最后一方净土。

中国科学院院士

自序

青藏高原地处祖国西南，面积 258 万平方千米，平均海拔超过 4000 米，是地球上最年轻、海拔最高、面积最大的高原，被称为世界屋脊、"亚洲水塔"。2017 年 8 月 19 日，习近平总书记致信中国科学院科考队，正式拉开了第二次青藏高原综合科学考察的帷幕，3000 多位优秀、执着的科学家踏上征程。2020 年 4 月，因为工作调整，得以有机会开启了我的青藏科考之缘，来一场第三极的求学之旅。

知识之学。青藏科考聚焦水、生态、人类活动，涉及气候圈、水圈、冰冻圈、人类圈、生态圈、岩石圈等多圈层，设置了十大任务，上有天文，下有地理，兼备数学模型、物理方法、化学分析、生物机理，往前可溯至亿万年前的气候生境演化、探寻人类从何而来，往后可预判升温几度的场景变换与应对，求索人类向何处去。上下四方，古往今来，令我豁然开朗之时，深陷无知之困，每逢开会讨论，倍感如芒在背。有一次参加石油地质方向的研讨会，半天里有七八个专业报告，其中的基本观点尚且能听懂一点，但专业判断的依据和分析过程使我一片茫然，午饭时有位院士点拨了几句，令我忽然想到应对办法，随后找来相关专业本科生的基础教科书，省去了考试的压力，多了自学的系统性和自觉性。即便如此，也只能临时抱佛脚，有需要了就深学一点，有工夫了就多学一点。在积少成多的过程中，拓宽了知识面，感受到新领域的神奇奥妙。

实践之学。青藏科考的标志性特征就是野外考察，丛山峻岭，江河湖泊，草原湿地，雪峰冰川，越是人迹罕至，越是科考队员的心之

所往、行之所至。室内的研究固然重要，但广袤高原的脚步丈量、亲眼所见更加难得，川藏线、青藏线、新藏线、滇藏线，美景万千却只记录着地质地貌样带样方；青海湖、可可西里、纳木错，云卷云舒却在观察着濒危物种径流变化；希夏邦马、廓琼岗日、阿尼玛卿，碧空如洗却只找寻着冰芯矿藏气象数据。同行路上，地不分南北，不论家乡何处到了高原都是科考一家亲，不惧高寒；人不分老幼，初出茅庐义无反顾，耄耋领衔风采依旧，耳顺之年正当其时；事不分大小，肩挑背扛、烧火做饭，院士教授一起动手，现场分析、实地讨论，博士硕士畅所欲言。尽管跟着科考队去野外的机会不多，但是开会调研时所见所闻不少，用好每一次的实践和交流机会，让书本中的知识立体起来，让文件中的词句丰满起来，让脑海中的认识真实起来。

精神之学。初上青藏高原，大致2007年先去青海的西宁、格尔木，当时感觉格尔木的海拔对心理上的高原反应不小，2008年又去林芝、拉萨，行程相对宽松，加上又是六七月，含氧量要比冬季高一些，就逐渐适应了海拔的升高。此后陆续又去过拉萨、西宁几次，比较匆忙。

跟着第二次青藏科考上高原，虽然每次停留的时间也不太长，但是高海拔地区的占比相对多了，或许是年纪大了，晚上睡眠质量下降得厉害，辗转反侧之时，也有了思考的机会。2020 年去玉树，因为青干班的室友曾经在此挂职了三年，一直心有所念。住下的第一晚，头疼的感觉非常强烈，吸氧、止疼片等不太管用，看着窗外漆黑的夜色，忽然感同身受，扪心自问，如果是我要在这里待上三年，又会怎样？后续跟着科考队到了5000 多米的冰川，我走路都喘得厉害，但科考队的院士专家却能气定神闲地忘我工作，逐渐让我感受到了一种精神的力量。这种力量，支撑着他们对理想的执着，朝向许身报国的方向，把智慧和拼搏融入第三极的使命担当；支撑着他们对事业的坚守，到了高原就是充电，把无悔的青春奉献在珠峰脚下、雅江岸边；支撑着他们对科学的求索，孜孜不倦地探索变化与规律。

2022 年 7 月 28 日
于中国科学院青藏所珠峰站

目　录

诗词目录

水

　　水是地球上人类和一切生物赖以生存和发展的物质基础，其重要
价值和功能无须赘述。结合第二次青藏科考的工作实践，水还是连接
岩石圈、生物圈、冰冻圈、大气圈和人类圈等多圈层相互作用的关键
要素，最直接的互动过程体现在：海洋和陆地水通过蒸发进入大气，
经由大气环流运动，部分水汽通过降雨或降雪而回到地表，部分进入
冰冻圈累积，部分形成地表径流、土壤水和地下径流，在最终回到海
洋前，可能会渗透进岩石圈、滋润了生物圈、交织在人类圈。从水圈
的自我循环看，学术界一般将其划分为陆地水循环、海洋水循环和海
陆间水循环。从资源总量上看，地表水约占陆地水资源的70%，而陆
地水资源仅占全球水资源的3%，虽然占比很低，但陆地水循环与人
类活动的关系更为密切。从水圈与人类圈的互动机制看，一方面，水
是维系人类圈的基础，自然地理条件、气候变化等因素都对水资源的
分布产生重要影响，而相对地理位置也就决定了人类可用水资源的多
寡，进而影响着人类圈的空间布局和差异分布；另一方面，人类活动
深刻改变着水循环特别是陆地水循环的过程，通过兴修水利设施、人
为改道河流、利用河滩地、开采地下水等方式，人类对水资源既有的
自然选择方式进行了明显的直接干预。而水污染、气候变化带来的极
端降水或干旱问题，又对水圈形成了间接干预的效果。人类不断繁衍

壮大，与水圈的关系越来越密切，潜在的风险也愈加难以预判。多圈层的相互作用过程和机理，更加表明要在地球系统科学的视角下科学化、体系化地思考水资源问题，重视水圈在跨圈层影响中的媒介功能。

蝶恋花

北斗星罗闻碧澈，
杯酿独行，
影绰微深夜。
秋掩青丝别绪惹，
长亭十里新妆舍。
雪岭朝拾崖下揩，
江纵滔滔，
暮鼓汀边卧。
心迩神闲银絮落，
寒山舟倚怜渔火。

写于 2021 年 9 月 30 日

"亚洲水塔"

　　"水塔"一词用于描述高山地区水的储存和供应。"水塔"提供了维持下游地区环境和人类生存所需的水资源。相对于下游地区,"水塔"因高海拔地形产生的降水以及储存在雪冰和湖泊中水体的释放,从而能够产生更多的径流。"水塔"具有缓冲能力,如在炎热和干旱的季节供应冰川融水,从而为下游地区提供相对稳定的水资源供给。冰川和积雪的缓冲作用推迟了融水供给是"水塔"的一个重要特征。全球共有 78 个"水塔"单元,在地球系统尤其是在全球水循环中起着至关重要的作用。"水塔"除了提供水资源外,还提供一系列其他

服务，如生物多样性位于高山地区，特别是植物多样性；高山生态系统为人类提供了重要的生计资源，也是旅游胜地；在经济上，"水塔"单元和依赖于这些"水塔"水资源供给的区域，其GDP分别占全球总值的4%和18%。

以青藏高原为核心的第三极地区是中低纬地区冰川最为发育和湖泊分布数量最多的区域，孕育了长江、黄河、雅鲁藏布江、澜沧江、恒河、印度河等13条亚洲地区的重要河流，是"亚洲水塔"，是中国、南亚、东南亚和中亚等其周边国家及地区水资源的安全阀。其中长江、黄河、澜沧江源区被称为"中华水塔"，是我国重要的水资源库和生态安全屏障。雅鲁藏布江则是我国的水资源战略储备区。

近50年来，在气候变暖和西风—季风协同作用下，"亚洲水塔"正在发生重大变化，改变了水资源分布格局，发生灾害的风险进一步升高，给周边地区的水资源和水安全、生态环境、区域社会可持续发展带来不确定性。随着未来气候的持续变暖，"亚洲水塔"的不确定性进一步增大，对周边地区水资源的贡献也具有更大的不确定性，进而加剧水环境和水安全危机。水资源危机可能引起粮食、能源等领域的复合风险，影响到中国区域水安全及区域可持续发展，并诱发全球环境的联动效应。

当今国际地球科学正向多学科交叉融合的地球系统科学发展，青藏高原是研究地球系统各圈层相互作用的最理想场所。青藏高原是地球上岩石圈、生物圈、水圈、冰冻圈、大气圈和人类圈等六大圈层发育最为完整和相互作用最为剧烈的地区，以其强烈的多圈层相互作用和局域、广域资源环境效应而闻名于世，是国际地球系统科学研究的天然实验室。青藏高原拥有广阔的面积、高大的山体、面积广阔的冰川和冻土积雪、众多的湖泊、10多条大江大河的源头，形成了冰冻圈—

水圈—大气圈组合，汇集了全球陆地表层系统中最完整的水体多相态存在形式。这种水体的多相态存在和转换，成为大气圈、冰冻圈、水圈、岩石圈和生物圈等多圈层相互作用与物质循环的纽带，影响着第三极地区人类赖以生存的水资源，也给环境带来了风险与灾害。"亚洲水塔"科学考察研究将在"第三极地球系统中水体的多相态转换及其影响"项目研究过程中取得突破，占据国际学术制高点，有望对世界地球系统科学研究起到带动作用，有助于理解人类面临的气候变化所带来诸多后果的不确定性，并对青藏高原生态文明高地建设和第三极资源与社会可持续发展发挥重要的科学支撑作用。

"亚洲水塔"由大气中的气态水（水汽）、地表水体和地下水体（地下水、地下冰）组成。

"亚洲水塔"是除南极和北极以外全球最重要的冰川资源富集地区。冰川主要分布于喜马拉雅山、喀喇昆仑山、昆仑山、念青唐古拉山、唐古拉山、祁连山、天山和帕米尔地区。这些冰川分为海洋型冰川（分布于青藏高原东南部）、亚大陆型冰川（分布在青藏高原东北部及高原南缘和天山）、极大陆型冰川（主要分布在青藏高原西部）等三类。"亚洲水塔"分布有冰川约 10 万条，总面积约 10 万平方千米。根据中国第二次冰川编目，我国境内面积超过 0.01 平方千米的冰川共有 48 571条，总面积达 51 766 平方千米。根据第二次科考的最新成果，2016 年，"亚洲水塔"共有 100 579 条冰川，总面积约 9.7 万平方千米。作为"亚洲水塔"的重要组成部分，冰川对亚洲地区水资源压力的缓解具有重要意义，特别为中国西部地区的水资源安全、生态安全和经济社会发展提供了重要保障。

积雪是固态水体的一种短期存在形式，具有季节性，其积累和消融过程对区域水资源产生深刻影响。"亚洲水塔"是中低纬度稳定的

积雪区，积雪主要发生在每年 10 月至次年 5 月，常年积雪面积约 30 万平方千米。"亚洲水塔"的积雪分布具有明显的垂直地带性，以高海拔积雪分布为主，这与高纬度地区的积雪有明显的不同。"亚洲水塔"的积雪覆盖日数具有显著的空间差异，柴达木盆地和青藏高原西南部积雪较少，而积雪覆盖日数高值主要分布在高海拔山区，其中大部分位于喀喇昆仑山、昆仑山北部、喜马拉雅山、唐古拉山中东部以及念青唐古拉山，小部分位于巴颜喀拉山、祁连山和横断山西侧等地区；积雪厚度的空间分布格局与积雪覆盖日数分布格局基本一致。目前，

对"亚洲水塔"积雪水当量的估算还有较大的不确定性，融雪的释水量是冰川融水的 3 ~ 5 倍。

多年冻土是发育于陆表环境下一定深度、连续两年以上温度低于 0 ℃ 且含有冰的岩土层。"亚洲水塔"是全球中低纬度地区海拔最高、面积最大的多年冻土分布区，冻土总面积约 130 万平方千米。其中，青藏高原多年冻土面积为 106 万平方千米。多年冻土的分布以羌塘高原为中心向周边展开，羌塘高原北部和昆仑山是多年冻土最发育的地区，基本连续或大片分布。青藏高原多年冻土的地下冰含量约为 12.7

万亿立方米水当量。地下冰含量呈现自东向西、自南向北增加的趋势，在可可西里地区和西昆仑地区存在两个高含冰量区域。在寒冷气候条件下，青藏高原多年冻土发育广泛。从阿尼玛卿山到喜马拉雅西部和喀喇昆仑山脉，从南部的唐古拉山到北部的昆仑山、祁连山，构成了高原多年冻土区的主体。青藏高原多年冻土活动层的平均厚度约为2.3米，其中80%集中分布于0.8~3.5米。在空间上，活动层厚度存在很强的异质性，总体规律是随着海拔高度的增加，活动层厚度相应减小。青藏高原腹地及水分条件较好的山区平坦谷地和坡地地区，活动层厚度相对较薄，多年冻土边缘地带活动层厚度相对较厚（一般 >2.5 米）。活动层厚度主要受控于气温和地表水热条件，与土壤含水量呈现负相关关系。

受到气候变化的影响，青藏高原湖泊数量和面积不断发生变化。根据 20 世纪 60—80 年代地形图，青藏高原面积大于 1 平方千米的湖泊有 1081 个，总面积 4.5 万平方千米。1995 年减少到 930 个，面积下降了 5.6%；到 2000 年又增加到 1174 个，占全国湖泊总面积的一半以上。其中 91.77% 的湖泊大于 10 平方千米，50 平方千米以上湖泊数量为 175 个，100 平方千米以上湖泊数量 100 个，500 平方千米以上湖泊总数 17 个。2020 年，青藏高原面积大于 1 平方千米的湖泊有 1347 个，总面积约 5 万平方千米，水储量超过 1 万亿立方米。

《大水荒》读后感

　　本书的副标题是水资源大战与动荡未来，作者查尔斯·费什曼是《快公司》杂志资深编辑。这本书并未从专业视角探讨水资源保护与开发或者用水节水问题，而是用类似散文式的表达对水进行了重新认识。正如后记结尾段所述，很多人类文明都因无法了解或管理水而陨落。而对于水，我们比先辈们更游刃有余，因为我们有能力认识水，还能理性用水。水的一切即将发生改变，但是水不会变。而我们的命运——生活质量、社会的繁荣发展——取决于我们如何对待水。而水本身还会美好如初。水永远会湿润柔软、活力无限。

　　20世纪首次集水的三大优点于一身，供水充足、水质安全、水价低廉。然而，水的黄金时代很快接近尾声，在全美乃至整个世界，我们已经身陷用水危机，即将踏入用水短缺的时代，再次濒临现代用水革命的边缘，甚至可能会直接从水的黄金时代落入水的"复仇"深渊。全世界至少有40%的人要么用水不方便，要么得步行去汲水。

　　迄今为止，地球上发现的最古老的岩石在加拿大魁北克省北部，有42.8亿年历史。尽管科学家对地球上水的存在时间有争议，但地球形成时或形成后，地球上的所有水已经存在了。事实上，地球上未发生过任何创造或者摧毁大量水源的物理过程。

　　水是构成地球上万物的重要物质，地质形态、气候、各种生物以及太空中能看到的闪闪发光的地球，都有水的参与。地球上的大部分水并不在地球表面——漂浮在云中，冻结在冰冠中，储存在含水层中。

而且，地球上的水大多并不是以我们所熟知的冰、水、气三种形式存在。水还以另外一种形式存在，被地幔中的岩石深深地封存在我们脚下 410 千米处。厨房里用作锅台的蛇纹石（如 1.2 米长、1 米宽）重达 90.7 千克，而其中就有 10 千克是水。但这种融合不像把鸡蛋搅在稀面糊中那样，而是水融进矿石的每个分子中，即裹在构成蛇纹石的镁、硅和氧原子的点阵结构中。这种水至少有 3 个重要特征：一是这种锁在矿石中的第四种水，或许是地球上最初的水源；二是这种水降低了矿石的黏度，使其产生柔韧性，能使大陆板块移动或重叠，而移动的板块造就了地球上的大部分地貌；三是地球深层水或许是地球通体蔚蓝的唯一原因。地球内部可能储存着 5 倍于地球海洋总量的水，而海平面却一直稳定不变，尽管我们无法开发饮用地幔中的水，但是地幔中的水可能在维持海洋的总水量。

第二章的最后一页，作者写了一段形似散文的文字：

"水虽透明，却能反射光。

水柔软宜人，又坚硬似石。

水既令人舒适，又具破坏性；既温柔，又残忍。

水是生命之根，也是死亡之源。

水至为重要、不可或缺，又任性狂野，或本性自由。

水是生命的必需品，也象征着奢华与放纵。

水性惑迷人，又面目狰狞，令人恐惧。

水与世间万物一样，任性、率真，如飓风掀起的白色巨浪，平日里又温顺、乖巧。

水像球队队员，是懂得协作的好搭档，但又个性独立。它积极参与各种活动，却不事张扬。"

由于具有独特的氢键，水对气温变化的灵敏度非常高。在标准大气压下，0 ~ 100 ℃，水都是液体，而且它在适宜生命存活的所有温度下都是液态。人类赖以生存的大部分化学反应和生物过程都发生在液态水中——生命的存在不仅需要水，更需要液态水。如果水在室温下呈气态，那么人类的生存将无法想象。另外，尽人皆知的水的反常情况——固态水的密度小于液态水，这是因为冰（固态水）中氢键发挥的作用与其在液态水中的作用恰恰相反。当水结成冰时，小小的水分子磁体需要彼此之间留一定空间，因为水分子的位置固定，而氢键增大了分子间的距离，使冰成为晶体点阵，而晶体点阵的密度比等量液态水的密度小9%。

虽然我们觉得地球愈发拥挤不堪，但是现在生活在地球上的70亿人只代表人类历史发展的冰山一角。据人口学家估计，在人类过去5万年的发展史中，大约有1000亿人曾在地球上生活。一个人一般

每天至少需要喝 3 升水，平均寿命估算为 30 年，那就意味着，有史以来曾生活在地球上的所有人已喝了 3300 万亿升水。而动物的数量远远超过人类，是人类数量的 1000 倍，一头大象每天喝 150 升水，那么一头恐龙需要多少水呢？更为重要的是，数千万头恐龙在地球上生活了 1.65 亿年。按最低限度计算，动物用水量是人类用水总量的 1000 万倍，这还不包括植物的用水量。

关于水的价值和价格的截然对立关系，亚当·斯密在《国富论》中分析得更精辟：水比任何物质都有用，但是几乎不能用水来交换稀有物品，而通过交换稀有物品却能获得水。相反，钻石几乎没有任何使用价值，但是通过交换钻石，却常可获得大量其他物品。

据估计，2010—2050 年，全世界新增 24 亿人口，其中 10 亿人面临无水可喝的问题。但作者认为，不存在全球性的用水危机，因为所

有的用水问题都是地区性或区域性的，而且解决办法必定也带有区域性、地区性特点。由此，没有全球性用水危机，只有不胜枚举、各不相同的用水吃紧问题。

我国是一个干旱缺水严重的国家，虽然淡水资源总量占全球的6%，仅次于巴西、俄罗斯、加拿大，但人均水资源量仅为全球平均水平的1/4。从全球看，淡水资源的86%被冻结在南北极和高山冰川之中。研究中国的水资源，就必须从青藏高原入手。青藏高原是地球中低纬度地区最大的冰川分布区，因其在第四纪期间强烈隆起，深入冰冻圈之中而发育起大面积的现代冰川，孕育了亚洲地区的重要河流。相对于下游地区，"水塔"因高海拔地形产生的降水以及储存在冰雪和湖泊中水体的释放，能够产生更多的径流，为下游地区提供相对稳定的水资源供给。由于青藏高原的地理位置，改变了大气环流形势，

在夏季破坏了哈得来环流而形成强大的南亚季风环流，而冬季西风环流在高原西边受阻，在东边再形成背风涡动，从而直接影响高原冰川积累变化和我国中东部地区的水循环过程，进一步印证了地理位置对大气圈、水圈、冰冻圈的重要影响。

冰芯之妙

点绛唇

万里山河，

冰封千尺穿云渡，

阔琼朝暮，

八角凝息驻。

堰翠花红，

滴水参天树，

鸢飞处，

风疾心固，

且暖珠峰麓。

写于 2022 年 1 月 30 日

敦德冰芯位于中国西北部柴达木盆地北侧的祁连山区（北纬 38 度 06 分、东经 96 度 24 分）、海拔 5325 米的敦德冰帽顶部，冰帽面积 57 平方千米，粒雪线出现于 5000 ~ 5100 米，平衡线降至 4900 米，迫近冰帽边缘。冰帽中央冰厚度达 140 米，1987 年测得 10 米深处平均气温为 –7.3 ℃，底部温度为 –4.7 ℃，提供了较适合的冰芯记录用以重建长时期高分辨的温度变化。

在敦德冰芯中，温度在全新世早期的大部分时间和缓地波动上升，但在最后的 500 年间，出现剧烈的震荡，导致了全新世中的最低温事件与随之而来的最高温事件。如果以此模拟二氧化碳增加导致的高温时期，则须关注和缓升温后出现剧烈波动所形成的严重灾害。

晚全新世意为降温期。在敦德冰芯中，2.9 ka BP 高温事件后，温度波动下降，至距今 1000 年出现了低温事件。这个低温波动时期，早在 5 世纪就已开始，而以 10 世纪为最盛，这可与中国东部文献记载表明的 8 世纪中叶至 10 世纪中叶明显的寒冷期相对应。随后又出现 13 世纪的小暖峰，接着温度又波动下降，转入小冰期，以 17 世纪为最低，这个冷期由竺可桢先生在文献中首先发现。17 世纪寒冷，降水较少；18 世纪稍暖，降水较多；19 世纪中期小冰期结束以来，温度迅速上升，降水也有所增加。年代记的温度与降水比较，则甚为复杂，呈现冷湿、冷干、暖湿、暖干的多种搭配情况。

人类认识自然界一般情况下经历着实践—认识—实践的过程，希望从中发现一定的规律，而且通过对规律的分析与把握，实现对自然界的利用和改造。在温室气体和气候变化领域亦是如此。由于历史资料的缺失，目前对气候冷暖变化的探索还处在初级阶段，但并不妨碍我们进行大胆假设和小心求证，以此逐步逼近正确答案。尽管大暖期的变化进程及其对气候变化未来预测的价值已经在学术界有了一定的

共识，但距离科学、准确判断演化的进程或者趋势还有很长一段路要走，需要更多要素、更多方法、更多理论去支撑。在这之中，冰芯的形成与保存状态一定程度上保存了诸多历史时期的重要信息，相对客观翔实地记录了不同时期的气候变化特征，但目前冰芯的采样难度很大，用于不同实验目的的冰芯量十分有限，需要拓宽检测的思路，提升检测的能力与准确性，充分发挥好冰芯的科学价值。

气象万千

阮郎归·高原气候

西风逢岭绕两厢，
北旱南雨长。
气旋正反润三江，
热源筑翠坊。

汀波列，
嵌环廊，
厄尼涛动忙。
两极云水汇青央，
若知冷暖熵。

写于 2022 年 2 月 1 日

全新世气候

　　青藏高原的隆起产生了世界上最强大的亚洲季风，造成了大陆腹地的不断变干和沿海地区的高温多雨气候，同时由于高原的不断隆起，使季风、西风气流及极地气流影响的强度和范围不断发生变化。晚更新世晚期，本区气候和环境除了出现过以千年为周期的大变化外，还曾出现过更多次时间尺度为百年级的小波动。盛冰期时，高原东部仍受到季风的影响，降水略多，形成一系列冰川；高原西部、北部气候则十分干燥，冰川规模小，湖泊水位下降。柴达木盆地中的察尔汗盐湖开始沉积石盐，青海湖已趋干涸，昆仑山南麓及高原内部的大多数湖泊，湖面也一度下降为低湖面，甚至西昆仑山内部的湖泊也是如此。在西昆仑山及喀喇昆仑山高海拔地区开始堆积黄土。距今 1.6 万年起，冰川开始后退，温度波动上升。在 11.0 ～ 10.3 ka BP，青藏高原很可能出现了突然的大幅度降温时间，此后很快进入了全新世气候发展

阶段。

根据对在泉华层顶部采到的大量石核及石叶等细石器的测算，全新世中期喜马拉雅山地区海拔 4500～4700 米处的温度较今高达 5 ℃左右，年降水量 200～300 毫米。

全新世早、中期适宜古人活动的范围远大于现代人类，广大的羌塘高原成为古人狩猎的重要场所，细石器遗址超出了现代人的活动范围，这也被昌都卡若新石器遗址中的动物化石所证实。

大暖期（Megathermal）一词由哈夫斯坦（U. Hafsten）于 1976 年提出，是指间冰期中的最暖阶段，包括了一些冷波动和水分热量搭配上的气候不良波动，以此逐渐替代以前应用较多但含义较窄的高温期（Hypsithermal）与气候最宜期（Climaticoptimum）二词。其建议的大暖期起于北欧孢粉气候分期系列的北方期（Boreal）与大西洋期（Atlantic）过渡时（约 8.2 ka BP），终于亚北方期（Subboreal）的后段（约 3.3 ka BP）。

青藏高原东北部若尔盖高原受西南季风和副热带高压的共同控制，气候特征与高原其他地区有一定差别，如气候

最宜期曾出现过暖而干的气候，而冷期湿度却略有增加。

与同纬度其他地区相比，本区全新世温暖期的起讫时间早、延续时间长，气候和环境的变化幅度大。原因可能有三种：一是全新世中期昆仑山以南地区的湖泊面积比今天大 1 ～ 3 倍，巨大的水体起着调节温度的重要作用，特别是冬季，湖水可以释放大量热量；二是由于植物覆盖率的增大，使地表接收太阳总辐射量增加，推迟了冬季积雪的开始时间并造成积雪面积缩小，冬季也可能成为热源；三是新冰期中，地表积雪面积扩大，地面反射率增大，使高原气候变得更为寒冷，从而导致气温变幅加大。

高原湖泊沿岸往往分布着多列砂砾堤，这些环湖呈阶梯状分布的古湖岸线是过去湖水位在下降过程中因发生短暂停留而形成的。新冰期本区冰川的长度和厚度都在不断后退和变薄，但在冰川末端常常留有 2 ～ 3 道以上的终碛，说明冰川也是呈阶段性后退，即在后退过程中仍有短暂前进。根据湖岸砂砾堤的级数、形态特征和形成年代，推知 8 ～ 6 ka BP 以来的气候变化具有 400 年和 800 年

的周期，总趋势是不断变干，降水量越来越少。

20世纪70年代初，竺可桢先生依据考古资料指出，在5 ～ 3.1 ka BP黄河中下游平均温度高于现代2 ℃，冬季温度高于现代3 ～ 5 ℃。

选择距今3000 ～ 8500年为我国大暖期的起始阶段，主要参考了表现温度变化最敏感的敦德冰芯记录中8.5 ～ 8.4 ka BP和3.0 ～ 2.9 ka BP是全新世中两次强高温事件。在5500年的跨度中，8.5 ～ 7.2 ka BP以不稳定的暖、冷波动为特征；7.2 ～ 6.0 ka BP是稳定暖湿阶段，也是大暖期的鼎盛阶段；6.0 ～ 5.0 ka BP是气候波动剧烈、包含有显著寒冷事件、环境较差的阶段；5.0 ～ 3.0 ka BP的前1000年为气候波动和缓的亚稳定暖湿期，后1000年气候波动加剧，至距今3000年前后大暖期结束。

重建大暖期盛时的气候与环境，形成了一些初步判断：百年级强烈升温与降水增加基本上是相伴的，夏季风降水范围向北、向西扩展几乎覆盖全中国，植被带系统的向北和向西迁移，西北干旱区与青藏高原的荒漠范围大为缩小，现在栖息于热带和亚热带的亚洲象、犀牛、扬子鳄可分布到北纬35度以北地区。大暖期盛时年平均温度上升值，华南为1℃，长江一带为2℃，东北、华北、西北地区为3℃，青藏高原南部中部可达4～5℃。中国北部直到新疆和西藏年降水比现在多数十甚至数百毫米。由此产生了内陆湖泊的高湖面与湖水淡化，华北、东北地区大规模湖泊沼泽发育，风沙和黄土沉积中的多层古土壤，大体在东经108度移动的现代沙漠区，大部流沙已被固定。整个大暖期盛时的自然环境促进了新石器时代人类生产力的提高和居住地的扩大，是仰韶文化发展时期。

对二氧化碳等温室气体增加导致全球增温1～3℃的未来情景，大暖期发展的过程和变化提供了一定的借鉴。第一，在百年时间尺度下，大幅度升温相伴夏季风增强，大部分地区特别是北方和西北降水量增加。第二，在到达稳定的暖湿阶段前有很剧烈升温与降温波动，将带来严重的水旱灾害，21世纪或许是达到稳定暖湿阶段前的剧烈波动多灾难时期，其中除寒害以外，各种灾害都有加剧的前景。第三，中国是全球大暖期中升温幅度最大地区之一，特别是青藏高原更为突出，冬季升温又远大于夏季升温。

气候决定历史?

　　地理显然对历史产生了某种影响,有待回答的是这种影响的程度如何,以及地理是否能够说明历史的广泛模式。《枪炮、病菌与钢铁》(贾雷德·戴蒙德,Jared Diamond)研究了岛屿环境在较小的时空范围内对历史的影响。大约 3200 年前波利尼西亚人祖先向太平洋迁移的时候,他们碰到了一些和之前环境大不相同的岛屿。在几千年之内,波利尼西亚人祖先建立的这个社会在形形色色的岛屿上产生了一系列

子社会，从狩猎采集部落到原始帝国，应有尽有。以毛利人和莫里奥里人为例，两个群体是在不到 1000 年前从同一个老祖宗那里分化出来的，他们都是波利尼西亚人，此后因居住在不同的岛屿上而分道扬镳了几个世纪，走出了两种截然不同的进程。北岛毛利人发展出比较复杂的技术和政治组织，而莫里奥里人发展出来的技术和政治组织则比较简单，前者转向集约农业，后者回到狩猎采集生活。直到 500 年后的冲突，直观而惨烈地说明了两个社会的现实差距。在波利尼西亚群岛之间，至少有 6 种环境可变因素促成了社会之间的差异：岛屿气候、地质类型、海洋资源、面积、地形的破碎和隔离程度。

书中对流行病演变为致命传染病的特点进行了归纳，主要有 4 个方面：一是从一个受感染的人迅速而高效地传给近旁健康的人，结果是整个人口在很短时间内受到感染；二是急性病，即在很短时间内，要么去世，要么康复；三是获得康复的幸运儿中产生了抗体，由此可以在很长时间内，也许是一辈子都不会再复发；四是这些病只在人类中传播。

各大陆的环境有无数的不同特点，正是这些不同的特点影响了人类社会的发展轨迹，其中 4 组差异是最重要的。

第一组是各大陆在可以用作驯化的起始物种的野生动植物品种方面的差异。粮食生产之所以具有决定性的意义，在于它能积累剩余粮食以养活不从事粮食生产的专门人才，也在于能形成众多的人口。各大陆的面积不同，在更新世晚期大型哺乳类动物灭绝的情况也不相同，所以可用于驯化的野生动植物差别很大。

第二组是那些影响传播和迁移速度的因素，且这种速度在大陆之间的差异很大。在欧亚大陆这一速度最快，因为东西向的主轴线长和相对而言不太大的生态与地理障碍。对于作物和牲畜的传播来说，

其对气候条件的高度依赖决定了对纬度更加依赖。而美洲和非洲大陆的南北向主轴线和生态与地理障碍则阻碍了这种传播的速度。换言之，动植物在同纬度的传播更容易，因为相对而言气候条件的变化较小，而在同经度的传播就很困难，淮南为橘、淮北为枳其实就是这个道理。

第三组是影响跨大陆之间传播的因素，即从一个大陆向另一个大陆传播的难易程度。由于某些大陆的位置相对孤立，所以在过去6000年中，传播最容易的路径是从欧亚大陆到非洲撒哈拉沙漠以南地区，但东西两半球之前的传播受制于低纬度隔着宽阔的海洋、高纬度的地形与气候差异大等因素。

第四组是各大陆之间在面积和人口总数方面的差异。更大的面积或更多的人口意味着更多潜在的发明者、更多互相竞争的社会、更多的可以采用的发明、更多采用和保有发明创造的压力，因为任何社会如果不这样做就往往会被竞争对手所淘汰。

作者并不想贴上"地理决定论"的标签，因为人类的创造性对历史具有非常大的价值。但不可否认的是，地理在人类历史的发展变化中发挥着重要的基础性作用，这也是我们认识自然的一个重要部分。

《气候创造历史》读后感

　　读这本书的体会之一，就是从历史的角度来看气候。尽管书名的逻辑是反向的，但在行文过程中，蕴含的研究方法却是积累了大量的历史知识，从大时间尺度来看气候的变化，当然其中也讲到了气候对历史的诸多影响。在历史背景和格局下，很多事件是实实在在发生过的，如果把时间轴放得更长一些，那么规律性的认识就容易发现和形成。正因如此，作者通篇在阐释对1200年周期变化的判断，尤其是在第七章，专门论述公元前800年小冰期和大规模迁徙的真实存在，无论对其论证结果是否认同，但论证的思路和方法确实值得借鉴。一是语言学，日耳曼语中的变元音（umlaut）应该是公元前800年的全球冷化造成的，天气寒冷时，北方人讲话时不想把口张得太开。二是古植物学，欧洲北部植物群显示，在所谓"亚大西洋"时期，气候由温暖干燥转为寒冷潮湿。三是海平面的变化，大冰期后，南极冰帽融化过多时，海平面上升。而在全球冷化时，上升的速度会减缓或停顿，科学家已经发现近似周期性的减缓循环。四是冰层中变化的粉尘浓度，格陵兰冰层中的粉尘层显示，气流最强或者天气最冷的时期，粉尘层最厚，而且具有循环性。五是高山的冰川前进，在阿尔卑斯山，公元前第二个千年后半段，西部冰川全都前进，且东部冰川的前进幅度甚至超过小冰期。六是湖面变化，阿尔卑斯山中的湖面在寒冷潮湿的夏季会上升。七是沉积物，死海海底钻挖结果显示，盐层沉淀在海底时，中东地区气候寒冷干燥，而有泥层沉积时，气候比较温暖潮湿。

第三极学记

    历史视阈内的气候影响和地理决定，或可通过对某些标志性历史事件的抽丝剥茧来阐释和具象化。例如，作者在第八章分析了玛雅文明的变化，尤其是玛雅人的大规模突然迁徙。古代玛雅人来自危地马拉西北部，从公元前 2000 年起，开始居住、铺路、建造城市，但所有的活动突然在公元 1000 年前中断，而且玛雅人也突然离开了他们居住的城市。诸多学者对此进行了深入研究，给出了很多假设，但是并未发现有灾难性气候、毁灭性战争、大规模传染病等迹象。然而，通过对疟疾致病传播的研究发现，如果全球平均气温提高 1 ~ 2 ℃，病媒蚊可能突破 22 ℃冬季等温线（南北纬 10 度）的束缚，达到南北纬 15 ~ 20 度，从而扩大疟疾的传播感染空间范围。据此，作者认为，公元 9 世纪末，随着气候逐渐暖化，气温已经高于临界值，等温线朝北移动到北纬 20 度附近，病媒蚊得以存活繁殖，疟疾流行而导致人口大量死亡，所以存活者只能向更北的地方迁移。

　　环境决定论的理论基础来自马尔萨斯在 1798 年发表的《人口论》，他推测人口会一直膨胀到生存极限，并在饥荒、战争和疾病的影响下维持这个极限。地球上的可用土地面积是有限的，土地的产量也是有限的，而人的生存需求是有最低限度的。贪婪也可以解决问题，却也可能没有限度。书中列出了四次带来饥荒的小冰期、四次带来贪婪的温暖期，这样的交替可以视为准周期性，每 1200 年或者 1300 年循环一次。自工业革命后，人类命运跟气候的关联也不是那么明显，但是水资源短缺依然对社会福祉有很大的影响。

　　《气候创造历史》（*Climate Made History*）是瑞士和美国籍的华裔地质学家许靖华所著，三联书店出版（2014 年第 1 版）。作者在前言中开宗明义，撰写此书原本的目的是援引历史，主张近年来的全球暖化不是人类造成的，详读历史就能发现它的循环形态。史前史与历

史上的人口迁徙，其起因也都是气候的周期性变化。全球冷化时期，边缘可耕作地区的民族，都必须到其他地区寻找更肥沃的土地；而在全球暖化时期，人口过剩和贪婪反而成为征服和殖民的动机。作者认为，历史上的气候变化不完全是温室效应所造成的，而是与太阳有关。

全书从中国台湾大鬼湖中黑色泥土里的两道白色粉尘切入，吸引读者逐渐进入气候、地理与历史交织的世界。这座湖位于海拔2000米以上，沉积物主要是黑泥，成分是来自周围森林的岩屑和植物碎片，但这两道白色粉尘中含有很多黄土颗粒，与中国西北部戈壁中的粉尘相近。显然在那数十年到数百年间，西北风强得异乎寻常，大量粉尘跨过台湾海峡，落在了大鬼湖底。经过碳14法的分析，两道白色粉尘分属两段时期，分别是公元420—520年和1350—1800年，后边这个时间段与欧洲的小冰期高度重合。

小冰期全球平均气温仅降低略微超过1℃，这样的温度变化虽然看起来似乎不起眼，却对欧洲的社会结构造成了巨大的影响。天气寒冷潮湿，带来的主要影响有两方面：一是农作物方面，春天雪融化得晚，秋天雪来得早，农作物的生长期被压缩，在近乎完全靠天吃饭的情况下，收成必然受到影响。年平均气温的小幅变化，将严重影响农作物生长季节的长短，进而影响农民可种植玉米的海拔高度（K. L. Peterson）。二是人类自身方面，主要体现在新生儿成活率和人口数量增长上，气温低对人的健康影响明显。气候平均值与变异性改变，会扰乱重要的身体与生物系统，而人类健康依据这些系统在生物或文化方面进行调整（A. J. McMichael）。同时，农作物减产与人类健康之间又产生相互作用。粮食少，处于饥饿状态的人就多，抵抗力下降，病死率增加，而健康的劳动力减少，投入农作物种植的力量不足，又会影响到粮食的产量。书中提及，16世纪和17世纪，欧洲人口数量不升反降。气候寒冷叠加流行病肆虐，对人类的生存产生了灭绝式危机，不同国家和地区的发展也面临着截然不同的境遇，一定程度上体现了地理决定论的价值。

书中第二章的标题有些新意，"别怪匈奴，祸首是气候"，其中提到，公元 4 世纪末，中国中部许多地方毫无人烟，历史学家曾说过符坚被东晋打败后，曾在无人居住的荒野上骑马跑了数天数夜而找不到粮食，因为农民早已离开了。离开的原因并非战乱，主要是全球冷化带来的小冰期，使中原的土地无法耕种。而且，由于西伯利亚高气压长期在中国上空徘徊，导致天气极度严寒、干旱，使人难以忍受。据作者考证，公元 309 年，黄河和长江全部干涸，中原地区的土地成了"沙尘盆地"，沙尘乘着强烈的西北风，选择中国台湾中央山脉大鬼湖的湖底作为了

长眠之地。到了接近公元 6 世纪末，中国进入隋朝后再度统一，寒冷时期基本结束。根据亨廷顿的推测，气候变得又冷又干，原本在中亚地区无忧无虑放羊的游牧民族匈奴，只能向西向南进军，寻找食物和牧草。这个观点在其所著的《文明与气候》中被提出。他的推测是文明往往随 600 年的气候周期（本书主张的是 1200 年）而崛起或没落，恶劣气候往往造成游牧民族大量出走。

关于碳排放、温室气体、暖化冷化的问题，作者提出了一些个人观点。例如，生物的碳循环扮演重要的角色，避免了地球完全冰封或完全无冰。温室气体如果消失，地球会成为"冰室"，形成大陆冰川；如果温室气体太多，地球又会成为"暖室"，使两极地区冰帽融化。地球上的碳循环还包含火山作用、浮游生物增长等。火山是碳的供应

者，而生物是消耗者，来自火山的二氧化碳年输入量大致和沉积物中碳化合物的沉积量相当。就整个地球历史而言，大气二氧化碳浓度从未大幅波动，但可能会随地球统治生物外形进化而提高或降低。又如，影响地球气候的 3 个变数分别是温室效应、反照率效应、太阳能输入。近年来的观测显示日射量会随太阳黑子循环周期变化，黑子周期越长，日射量越低，周期越短，日射量越高。起初很小的差距经过回馈机制放大，造成多次高频率的气候变迁循环，这些因素综合起来之后，就是 1200 年或 1300 年循环。再如，在后记中，作者重申了他的观点：人类尚未开始燃烧化石燃料时，地球上就曾出现气候变迁，而且气候创造历史，因为自然气候变迁对人类文明史的影响确实存在。人类文明史上曾经出现"中世纪温暖期"和"小冰期"；在史前史的数千年间曾经出现气候变迁；从人类的祖先出现在地球上至今，地球已历经过数次冰期与间冰期。

从普通读者的角度回顾这本书，在狭义范畴内，气候与地理的双重影响或许决定了人类发展的历史进程，暂且抛开 1200 年的周期变化，在特定的温暖期或者冰期内，地理就成为了历史的主要决定因素（当然人类活动的因素是内在的）。如书中的诸多案例所示，某一区域或者流域因为气候因素而不适宜人类居住或者无法满足既有规模人口生存需求时，就会产生迁徙（选择更优的生存环境）或者战争（减少供养人口）；在气候出现较大变化时，将会催化这一选择，因而对历史的重大转折产生了决定性影响。对气候和地理共同决定历史的规律性认识，目前看还十分有限，一是气候的长时间尺度与人类文明史角度之间存在客观矛盾，中华文明的 5000 年如果按照作者提出的规律，也就是 4 个周期，那就局限在全新世的范围内了；二是人类活动对历史的内在影响不能简单归因于气候、地理等外在动因，环境确实对人

类的生存发展具有重要影响，但是人类自身的努力和对客观环境的适应改造，也是历史进程不容忽视的重要动力，除非出现类似恐龙灭绝的极端罕见灾害，人类历史还是由自己来书写的；三是科技进步对人类改变气候演进的作用机制尚不清晰，尽管对温室气体效应的认知存在分歧，但是对科技在改变碳循环中的明显作用基本形成共识，本书由于成文较早，对 21 世纪以来科技改变人类生产生活方面的内在机理研究较少，而应对气候变化等方面技术的发展提高了人类面对气候与地理双重作用的自我选择能力。

第三极缘起

　　板块缝合带是两个碰撞大陆衔接的地方。印度—欧亚碰撞使得青藏高原发生了与碰撞前截然不同的变形，广大地域内地质环境及其深部结构都发生了深刻变化。相对刚性的印度板块持续往北北东（NNE）方向强力推挤，使得北侧的大洋地壳相继消减闭合、大陆地壳相互碰撞结合，形成复杂的陆壳地块汇聚—嵌合构造。在这个复杂的构造域中，若干陆壳地块因印度与欧亚两大板块的强烈碰撞、挤压作用而相互结合在一起，造就了极为壮观的由陆壳地块与板块碰撞缝合带构成的地质构造景观。构成青藏高原大地构造环境的基本单元主要包括雅鲁藏布江、班公湖—怒江、澜沧江和金沙江等4条板块缝合带以及喜马拉雅造山带、冈底斯—念青唐古拉地块、南羌塘—左贡—保山地块、北羌塘—昌都—思茅地块、川滇地块等数个陆壳地块。

　　板块缝合带是一套由属于洋壳和地幔物质的基性、超基性岩外来岩块和原地岩块、基质三部分组成的特殊构造混杂岩，主要包括蛇纹石化超镁铁岩、基性侵入杂岩、基性熔岩以及海相沉积地层等。洋壳消减、构造侵位或逆冲推覆，使得蛇绿岩层序的完整性受到破坏，仅能在缝合带局部地段见到以构造关系相接触的洋壳残片和混杂岩块。规模巨大的板块缝合带控制着区域地质环境的发展演化，使得各地块的地质建造—构造特征差异极大。

　　受控于印度板块与欧亚板块在喜马拉雅地区的陆—陆碰撞及碰撞后持续的向北推移和楔入作用，青藏高原的内部物质在大型断裂的控

制下发生了侧向运移，使得青藏高原活动断裂的运动具有明显的分区和分段特性，断裂的分布与高原的海拔高度具有相关的规律性。逆冲断裂主要发生在高原边缘的相对低海拔区，反映了高原向周边的挤压、扩展和缩短作用；而高海拔的高原内部则以拉张性质的南北向正断裂和共轭走滑断裂为主，表明了高原内部近东西向的伸展作用控制着高原面现今的形态；而控制高原变形最关键的走滑断裂发育在高原的不同海拔不同部位，是高原变形和地质环境特征的关键性控制断裂。

　　大型断裂的分段活动特征明显，不同断裂段运动特征、活动习性及强震活动差异较大。例如，全长达 400 千米的鲜水河断裂带是一条全新世强烈活动的大型左旋走滑断裂带，其强震破裂有明显的分段特征，自 1725 年以来不到 300 年的时间里就记录有 8 次 7 级以上地震发生，跨不同断层段落开挖的古地震探槽揭露出全新世以来断裂上曾多次发生强震事件。1973 年发生在鲜水河断裂带北段的 7.6 级地震地表破裂带遗迹保存较好，地震鼓包、地裂缝、断陷塘等破裂微地貌清

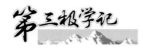

晰可见，局部还见有早期残存地震鼓包被 1973 年地裂缝切穿。

青藏高原主要以活动地块为基本地质单元来调节印度板块和欧亚板块的碰撞挤压变形，构造变形主要发生在活动地块的边界断裂上，是大地震孕育和发生的主要部位。有历史记载以来青藏高原的全部 8 级以上的大地震都发生在活动地块边界断裂带上，而活动地块内部的变形程度则相对较弱，仅出现部分 6 级左右的强震。

印度板块与欧亚板块碰撞后，在早期形成的高大的冈底斯山造山带和中央分水岭造山带之间发育了一个广阔的中央谷地，该谷地隆起消失即标志统一高原的形成。

中央谷地位于高原核心腹地，夹持于南部冈底斯山脉和北部中央分水岭山脉之间，西起班公湖，东至丁青县，东西长 1500 千米，南北宽 20 ～ 100 千米，平均海拔约 4600 米，是考证统一高原形成的关键靶区。其中，伦坡拉盆地，面积约 3600 平方千米，现今海拔约

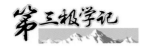

4700 米，年均温约 0 ℃，年降水量 400～500 毫米，属典型的高寒气候，沉积有牛堡组和丁青组两套新生界地层，出露丰富的动植物化石，一直是研究的热点地区。

5000 万～3800 万年前，青藏高原呈现为"两山夹一盆"的地貌特征，冈底斯山脉海拔约 4500 米，中央分水岭山脉海拔约 4000 米，之间夹着海拔约 1700 米的中央谷地。中央谷地气候温暖湿润，降水由西风和季风共同主导，亚热带动植物繁盛，是高原内部的"香格里拉"。在 3800 万～2900 万年前，以伦坡拉盆地为代表的中央谷地快速隆升为海拔超过 4000 米的高原，这标志着青藏高原主体部分形成。伴随中央谷地的隆升和全球气候变冷，高原中部地区温度显著下降，降水减少，并且南部季风作用相对增强。气候变化导致高原中部从温暖湿润的亚热带生态系统转变为寒冷干燥的高寒生态系统，主要地表植被为高山草甸。

综合区域内的古高度、构造活动、岩浆作用等证据，中央谷地地表隆升的深部地球动力学机制为俯冲的拉萨地幔拆沉、软流圈物质上涌及上部地壳缩短。雅鲁藏布江缝合线以北从造山带到统一高原的诞生主要发生在晚始新世—早渐新世（距今 3800 万～2900 万年），早于喜马拉雅山脉（Himalaya）的形成时间，雅鲁藏布江缝合线以南喜马拉雅山脉于中新世早期（距今 2500 万～1500 万年）才达到现在高度。由青藏高原深部圈层作用驱动的高原生长过程，是高原地表圈层（大气圈、冰冻圈/水圈、生物圈和人类圈）演化和链式响应的内源驱动力。

北极、南极和青藏高原被称为地球"三极"，是全球最大的冰库和重要的碳库，是全球变化的敏感区和指示器。近几十年来，南极局部地区增温显著，南极半岛及西南地区频现大范围的冰架融化和崩塌现象；北极地区气温升高呈放大效应，海冰减少，冰川冻土融化加速，植被迅速扩张；青藏高原面临冰川冻土退缩严重、雪线升高、冰崩等自然灾害频发、生态环境急剧变化等问题。

气候变化既包括构造、轨道等长尺度的变化，也包括千年、百年以及年代际等短尺度的变化。信息连续无扰动、定年准确的高分辨率代用资料是认识"三极"历史气候变化规律的主要途径。古全球变化过去2000年气候研究工作组（PAGES 2k Network）分别在2013年和2017年发布了两套经过严格质量检验的全球代用资料数据集，这是目前开展古气候重建、古气候数据同化所依赖的基础资料，主要来自冰芯、湖泊沉积物、洞穴沉积物、树轮等。

"三极"的自然环境和生态系统有很多相似之处：冰冻圈的广泛分布、独特物种的栖息、对地球水资源的庇护、对气候变化的敏感响应。这些特征决定了"三极"的气候、环境和生态的快速变化可对全球气候系统产生深远的影响。

青藏高原气候变暖以及高原大气热源变化是其下游地区东亚气候的重要驱动力之一，可通过直接和间接效应引起东亚气候异常变化；受全球变暖的影响，北极海冰加速消融，可通过欧亚波列作用于东亚气候，导致寒潮等极端气候事件频发；南极大气环流异常可通过"大气通道"和"海洋通道"影响马斯克林高压、澳大利亚高压，从而造成跨赤道气流以及东亚气候异常。在较低频时间尺度上，两极气候联系的代表性现象称为两极跷跷板（bipolar seesaw），即南极和格陵兰岛的气温在末次冰期呈显著负相关：南极偏冷（暖）时，格陵兰岛往往较暖（冷）。在年际时间尺度上，经圈环流同样是联系北极和南极气候的重要纽带，中高纬度的热力强迫可通过调节经圈环流的位置和强度，影响热带地区的大气环流，从而为调节另一半球的极地气候提供了可能途径。

青藏高原变暖与多种因素有关。温室气体增加是最主要的原因。从云量的变化看，高原夜间低云增加导致辐射冷却减弱，白天总云量减少导致到达地面太阳辐射增强，均有利于高原变暖。高原上空臭氧总量减少使得到达地表的辐射增强。高原近地面湿度增加，使得向下长波辐射增强，也是变暖原因之一。

青藏高原的高大地形形成了阻挡作用，导致北半球中高纬度西风急流产生绕流和分岔，然后北支气流和南支气流在高原下游重新汇合形成了强大的东亚急流。高原大地形对环流的机械作用存在季节差异。冬季气流绕过高原后在其东北侧形成反气旋式高压，使得影响东亚地区的冷空气加强，而春季偏北气流有利于华南地区春季降水加强。春季高原东南侧西南气流在大地形绕流作用下得到加强，其剧烈的风速和充沛的水汽是江南春雨形成的直接原因。

青藏高原夏季是一个巨大热源，而冬季是一个弱的热汇。高原春季感热偏弱会使得东亚夏季风北界纬度南退3度左右，同时东亚夏季风爆发时间也明显推迟。近30年高原冬春大气热源呈减弱趋势，其对华南降水增多、华北和东北降水减少的格局有重要贡献。"南涝北旱"降水格局形成的主要物理机制是：高原感热减弱导致高原夏季降水减弱，从而夏季降水凝结潜热减弱，不利于夏季高原近地层气旋式异常环流及西太平洋反气旋式异常环流形成，最终使得东亚偏南风减弱，水汽辐合被限制在南方。

北极地区近几十年出现了比全球平均增温幅度快2～3倍的变暖现象，被称为"北极放大效应"，且增温放大趋势在冬季最为显著。北极地区的气候异常对北半球中纬度乃至全球的气候变化具有重要影响。例如，20世纪90年代以来，北极急剧增温，海冰加速融化，北美和欧亚大陆却出现了显著的低温异常和频发的极端低温事件。学术界对北极增暖和海冰减少的关系存在不同观点，一般认为，"北极放大效应"主要由以下两类机制导致。

第一种机制是北极的冰雪反照率变化引发的正反馈。夏季海冰的加速融化导致了冬季更多的无冰海面暴露在冷空气下，海洋和大气的温度和湿度差异导致夏季存储在海水中的热量在冬季以长波辐射通量、感热通量和潜热通量的形式进入大气，大气吸收了来自海水的热量并增温后，又将热量以长波辐射方式返回到地表。在此机制下，"北极放大效应"的主要贡献来自冷季增温。当北极夏季海冰完全消失后，热量的季节性储存和释放将不复存在，冬季"北极放大效应"也将消失。

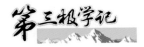

第二种机制是极地外能量通过海洋或大气的极向输送。研究发现，来自极地外的水汽输送事件可解释约 45% 的北极冬季增暖，而其中与大气阻塞系统密切相关的强水汽极向输送是造成北极增暖的主要物理过程。极地向下长波辐射仅仅与极地以外的水汽极向输送存在显著相关，而与极地内部水汽贡献基本没有相关性。也就是说，北极冬季增暖的触发因素在很大程度上可以归结为大气环流主导的水汽极向输送问题。

对于影响北极增暖的大气环流，大致也存在两种观点：其一是热带对流激发的极向传播的 Rossby 波列是造成极向能量传输的主要环流型，将北极增暖与大气季节内振荡以及 ENSO（厄尔尼诺／南方涛动）变率联系起来。其二是中纬度大西洋海温异常激发的 Rossby 波列是导致北极增暖的主要环流型，当这种中纬度波列的环流异常在上下游分别对应北大西洋涛动（NAO）正位相和乌拉尔阻塞（UB）时，将形成向北极输送水汽的最优环流型，进而造成巴伦支—喀拉海地区的强烈增温和海冰融化。

随着北极快速增暖，爆发性寒潮、热浪、洪水和持续干旱等极端气候和天气事件的发生频率在北半球中纬度地区显著增加。许多学者将北半球频繁出现的北极增暖与中纬度陆地变冷现象称为"暖北极—冷大陆"。

大西洋经圈翻转环流（AMOC）是保持北美和欧洲气候稳定的一个重要洋流系统，也是调节地球气候的关键影响因子。而北极海冰消退是可能导致 AMOC 崩溃的重要因素之一。

南极增温直接影响陆地冰川及冰架的崩塌，进而引起海平面上升，对全球气候和环境产生影响。1979 年以来，南极洲对海平面上升的贡献每 10 年平均为 3.6 毫米，累计约为 14 毫米。南极增暖也会对全球

其他地区气候产生影响。例如，南极大陆夏季高温异常时，次年6—8月华北偏涝、东北偏冷。

南半球环状模（SAM）是南半球热带外大气环流变率的主导模态，其产生机制主要与波—流相互作用等大气内部过程有关。SAM可以通过影响垂直环流和风暴轴的位置，改变表面风速对下垫面的热力和动力驱动作用，进而对海—气—冰耦合系统产生调控。当SAM正位相时，南极大陆主体气温偏冷，南极半岛气温偏暖。在西南极和阿蒙森海周边区域存在着持续的低压系统，被称为阿蒙森海低压（ASL），是SAM的主要组成部分之一，对南极西部的年际和年代际气候变率都具有重要影响。近40年来，ASL显著加深，造成西南极周边区域气旋式大气环流增强，被认为是该区域表面气温、海洋环流、海冰和

冰川演变的关键驱动因素之一。SAM 通过海—气耦合过程影响北半球的天气与气候，对东亚夏季风和冬季风均存在作用，也可以调控春季华南降水。

南极大陆周边为南大洋环绕，面积占世界大洋面积的 22%，贯通太平洋、印度洋、大西洋。受西风带影响，南大洋存在自西向东运动的海流，成为南极绕极流（ACC），平均流速每秒 15 厘米，随深度减弱很小，而且厚度很大，因此具有巨大的流量。ACC 的存在既阻隔副热带暖水与极地冷水的热交换，有利于南极气候变冷，又是全球洋盆之间相互联系的纽带。ACC 以南的强劲上升流可以引发局地的海气交换，同时 ACC 贯穿深层海洋，影响着热盐环流全球输送带。此外，ACC 区域的中尺度涡旋活动对高纬度海水团的形成和全球经向翻转环流有重要作用。

　　南极海冰的变化对局地乃至全球的气候变化都有着重要影响。首先，海冰的高反照率减少了大洋表面的热量吸收；其次，海冰阻碍了海洋和大气之间的热量与水汽交换；再次，海冰生消过程所伴随的潜热释放以及对周围水体的稀释作用，均会影响局地的海气热量收支；最后，南极海冰通过"海洋通道""大气通道"影响热带，南极海冰可以将春季南极涛动信号储存至夏季，对华北降水产生影响。海冰损失还可以导致其缓冲保护作用出现更多的缺失，使冰架容易崩塌，加速海平面上升。

水分循环 "三极连锁" 效应

　　夏季三江源热源效应不仅可吸引青藏高原东南部及下游区域水汽源的水汽输入，还起着跨半球远距离水汽 "汇流" 关键作用。"热力驱动" 将中低纬海洋丰富水汽远距离 "抽吸" 汇聚到位于对流层中部的三江源区域。对三江源夏季整层视热源与不同层次，即陆表对流层中层（500 hPa）水汽相关场分布研究发现：热力驱动下三江源陆表或海表层主要有 3 项供水汽来源。一是三江源地区湿地、河川局地充足的水资源提供部分水汽；二是孟加拉湾、阿拉伯洋面，其中孟加拉湾为主体水汽流；三是赤道南约南纬 10 度印度洋查戈斯群岛，其路径沿索马里急流经阿拉伯海流向青藏高原三江源区。

　　水汽输送 "汇合口" 位于 "亚洲水塔" 核心区三江源与 "冰川之乡" 波密及其南部著名 "三江并流区"（澜沧江、金沙江与怒江），其水汽通道关键入口恰为青藏高原大地形东—西向南坡的喜马拉雅山与大地形向南凸起的东南缘西侧高黎贡山交叉处，此区域构成了高原特殊的雅鲁藏布大峡谷及大地形隘口区，即海洋暖湿水汽流汇合输送的 "入口区"。青藏高原此特殊地形 "隘口" 构成了源自海洋暖湿水汽流爬升入高原的关键通道。这现象可折射出对流层中层三江源为南印度洋水汽流 "汇流" 的 "捕获者"，以及跨半球水分循环互为 "连锁" 的特征。

　　"亚洲水塔" 上空夏季存在一个水汽高值中心对流层 "湿池"。高原对流活动与对流层上部南、北极地水汽状况呈现显著的高相关性，这表明青藏高原对流云活动与对流层上层，特别是南、北极地存在着跨半球水汽输送相关特征。通过青藏高原上空异常高、低视热源年对流层上部全球水汽输送通量偏差对比分析，发现高原热源驱动与对流层上层反气旋环流有关。视热源较高的年份，对流层上层形成了较强的反气旋，维持了水汽向上输送到对流层上层的过程，其中的水汽输送较强，这证实了青藏高原对流层上层强反气旋在对流层水汽向上"抽吸"输送方面起着重要作用。

青藏高原的热源驱动了对流层上部反气旋环流，沿南北向垂直剖面上高原上空有最强的向上输送的"水汽柱"，高原对流活动和水汽输运过程呈类似于"烟囱"的结构，对流层上部为高原水汽垂直输送的"窗口"。通过"窗口"效应调控了全球水汽分布格局，将"亚洲水塔"与低纬度海洋水汽源连接起来，并使"亚洲水塔"与南、北极水分循环构成互反馈机制。

地理・历史・文化

《气候变迁与文明兴衰》读后感

　　英国学者布莱恩・费根和纳迪亚・杜拉尼撰写了本书，虽然内容并不艰涩，但是读起来却很费工夫，即使找到时间把某一章一气呵成地读下来，也会对其中包含的历史、文化、气候、地理等诸多知识一筹莫展，很难理清逻辑主线，更不用说有所回味和思考。英文书名是 *Climate Chaos*。译者没有选择直译，而是在气候的基础上延伸到与文明的关系，由于没看到原版是如何解读 Chaos 这层含义的，所以尽量去理解译者选择"变迁"而非"混沌"（英文直译）或者"变化"（相对更常见）的初衷。

新仙女木事件（Younger Dryas），公元前 11 500 年至公元前10 600 年，在长达千年的时间跨度内，墨西哥湾暖流与大西洋的水体停止了循环，欧洲的气温迅速下降，斯堪的纳维亚半岛上的冰原步步紧逼，欧洲与中东地区变得更加干旱了。在此之后，墨西哥湾暖流蓦然恢复了循环，全球开始逐渐变暖，并一直持续至今。

4.2 ka BP 事件，即公元前 2200 年前后到公元前 1900 年的那场大旱，属于全球性的气候事件。这一史无前例的干旱循环影响了从美洲到亚洲、从中东地区到热带非洲和欧洲的人类社会，逐渐波及了各个王国、蓬勃发展的文明和乡村地区，与埃及古王国的终结和法老们的领地暂时分裂相吻合，与美洲西南部和中美洲的尤卡坦半岛引入玉米种植的时间相一致，也成了南美洲安第斯地区一些重要群落兴衰的一个影响因素。

持续不断地滥伐森林、改变土地用途以及玛雅农业造成的环境恶化等方面结合起来形成长期效应，就导致了降雨减少、气温升高和水资源日益短缺等后果。但在一个严重干旱的时期，一旦森林差不多被砍伐殆尽，农民采用的种种持续性适应对策就不会成功。政治不稳定与社会动荡随之而来，玛雅文明也就此分崩离析了。人类和环境系统到达了一个转折点，从而导致了文化的衰落和最终的人口减少。

导致气温上升的厄尔尼诺现象与对应的、导致气温下降的拉尼娜现象会毫无规律地交替出现。前者会导致秘鲁南部与玻利维亚的高原出现干旱，与之相反的是拉尼娜现象则会带来降雨。

变迁与变化的差异。变迁（赫胥黎著、严复译《天演论》）：且地学之家，历验各种僵石，知动植庶品，率皆地有变迁。变化（《礼

记·中庸》）：初渐谓之变，变时新旧两体俱有；变尽旧体而有新体，谓之化。

从字面意思理解，译者似乎强调的是气候状态的迁移，或冷或暖，或干或湿，本质上气候并未弃旧体而有新体，因此也就应该存在客观的演变规律，书中提及人类面对气候变迁的三万年实践，对当下和未来的人类社会应该具有启示价值与借鉴意义。由此展开思考，变迁的气候有何规律可循，究竟什么是变的、什么是不变的，又对文明兴衰有何作用且如何作用。

　　几千年以来，印度洋上的季风既是驱动帆船航行的动力，又是温润印度次大陆炎热干旱土地的源头。印度降水中的 80% 来自夏季风，农耕高度依赖季风带来的降雨，如果遇到类似根本没有雨季的 1877 年，饥荒和人口减少就无法避免。尽管季风仅是气候变迁整个系统或者过程中的一种表现形式，但是其对人类活动和文明产生的影响可以是持续且深远的。季风的强度各时不同，尤其在"大冰期"结束之后不久。在全球气候中，亚洲季风始终发挥着一种主导作用，它给全世界 60% 以上的人口带来了相当可靠的季节性降水和干

燥的气候条件，如若不然，就是带来干旱。或许这就是气候变迁的方式。

　　视线回到青藏高原，尽管学界尚未定论，但高原隆升的大致时间是 41—26 Ma，同期亚洲季风覆盖范围一路北拓，远远超过了季风区在南北纬 20 度之间的约束。正是伴随着高原隆升，亚洲季风沿着高原东南缘向东北方向推进，进而与东亚季风交织，形成了华东、华南地区在全球同纬度中的独特气候特征。由此可见，青藏高原隆升与亚洲气候变迁存在千丝万缕的联系，尽管行经此处的季风甚至西风都改变了路径，但这也正说明了气候在迁移而非进入新的形态。果真是迁移，或许改变的是迁出地、途径地和迁入地的局部气候状态，因之三万年来人类适应不同局地气候的经验教训或许能派上更大用场。

文明与气候新悟

2021年郑州"7·20"大雨不期而至，引起我对河南的关注。其一，从2021年春节开始，河南卫视以"唐宫夜宴"为突破，连续在元宵、清明、端午、七夕等传统节日推陈出新，体现了科技与文化融合的新技术、新思路，更为重要的是反映了河南几千年文化积淀的厚重。换言之，就是上溯商周以来的中华文明在此繁衍生息，安阳、开封、许昌、洛阳，诸多古都星罗棋布，单从地理的视角看，似乎这种文化与历史的选择有些内在规律可循。其二，云南象群北迁，原本在西双版纳附近世代居住的十几头大象，不知道受到了何种原因的鼓励，"毅然决然"向北迁移，途中还添"象"进口，甚至已经到了昆明周边。看似与河南相去甚远，但从历史上看，现今生活在北纬24度热带气候地区的亚洲象，在3000年前曾经生活在北纬40度的河北省阳原县；耳熟能详的成语故事"曹冲称象"恰恰就发生在河南一带，尽管无法预测云南大象是否真的打算认祖归宗重回故里，但从另一个侧面反映出当时的河南气候条件相对更舒适。其三，当年郑州的暴雨，"三天下了一年雨"不一定非常精确，不过也说明了局地短时降雨量之大远远超乎预料，在反思北方城市如何应对几十上百年不遇降雨的同时，不难发现，气候暖湿化的趋势正在显现，从青藏高原沿黄河、长江向东，降雨线的北移几乎已成定势，800毫米雨线已翻过秦岭，传统上秦岭淮河的地理南北分界线是否也在向北推移更加值得关注。

有了上述3个新案例的出现，亨廷顿百年前的思考方式和观点判

断就有了新的施展空间。人类活动对气候必然会产生影响，当然影响究竟有多大见仁见智。而气候变化必然对人类的生存发展产生更加显著且不对等的影响，在此约束条件下，地理就显得更加紧要（尽管和第二次青藏科考的很多地学专家打了一年多交道，相比不准确，但此处暂时还是把气候游离在地理之外），因为人类没办法直接改变气候变化的大趋势，只能通过地理位置的改变来寻找适宜的气候。如果考虑到几千年前人类迁徙远远难于今时，文明或者历史就会因为气候带

来的地理改变而中断或者翻篇。

　　《文明与气候》中译本是根据 1915 年耶鲁大学出版社的版本翻译的，尽管过了 100 多年，书中的观点和研究方法依然历久弥新。作者埃尔斯沃思·亨廷顿（Ellsworth Huntington），美国地理学家，主要从事气候研究与人类地理学研究。作者在前言中提到，旧地理学的主旨在于对地球表面的自然特征进行精确的地图描绘，而新地理学却超越其上，在自然地图上加上几乎不可胜数的要素：植物、动物、人群的分布以及这些生命有机体不同阶段的状态。这样做的目的是将自然界的分布图与有机生命地图进行对比，以确定生命现象对地理环境的适应程度究竟如何。本书主要关注气候的影响，其他因素则统统忽略。一方面，作者已对数千名工人和学生在一年四季的日常工作做了考察，对具有影响力的气候要素进行了大致的测量；另一方面，用了很长时间分析古今气候的变化，发现对人类文明最具影响力的气候环境在不同的时代会发生位移，现代大国所在地的气候条件与文明古国兴起时气候条件所起的作用相似。换言之，文明诞生之地都是气候宜人之地，古今同理，别无二致。

　　如果历史上发生过气候变化，那它对人类必定产生过影响。对所有这个领域的学者而言，

最让人着迷的命题之一是气候与历史之间的密切关系。查尔斯·J.库尔默（Charles J. Kullmer）提出，引发风暴的气压变化，或者与之相伴而生的带电现象，会在很大限度上刺激文明的进步。这一观点引起了作者对气旋风暴分布与文明分布之间高度相似的关注，促成了通过精确的测量手段来准确地查明不同类型气候对人类文明的影响。

在谈及巴哈马群岛气候对脑力活动的影响时，许多岛民认为，气候对脑力的影响强度至少不会比对生理的影响强度弱，最糟糕的是气候对人脑力的影响，这并不是说这里的人在智商上不如其他地方的人，而是说用脑思考问题的耐力不够，很容易疲劳，很难集中精力思考问题。

作者试图研究一种所有生物都拥有的品质，并且可能是原生质（protoplasm）的固有特征。沃道夫（L.L.Woodruff）最重要的工作之一就是检测纤毛虫与温度之间的关系，通过多次实验发现，纤毛虫的活动与范特霍夫规则（vant Hoff rule）高度对应。根据该定律，对于绝大多数常温下发生的化学反应，温度每上升 10 ℃，活跃程度就提高两倍。然而，即使是无机物的化学反应，更多的是活性细胞中的化学反应，当达到一个明显的限度时，该定律就不起作用了。这一限度形成了物种生存的最佳温度。例如，植物生存的最佳气温是 30.0 ℃、草履虫是 28.3 ℃、龙虾是 23.3 ℃。对人体而言，如果呼出的二氧化碳比例上升，意味着新陈代谢速度的加快，而新陈代谢速度的加快就意味着身体组织衰弱速度加快。新陈代谢所释放的能量至少表现为 3 种形式：产生保持正常体温的热量；为体力和脑力活动提供能量；产生过多的热量，从而导致进一步的有害性新陈代谢。结合对汤姆森（Thomson）系列研究的分析，当温度达到 16.7 ℃时，二氧化碳的比例最低，接近最佳温度。

在研究工作与天气的关系时，作者得出了一些结论。如果两天的气温相同，人们第二天的工效就会下降，而如果气温有变化，无论是上升还是下降，人们的工效都会提高；与北方人相比，南方人的血液循环会慢一些，所以南方人对天气变凉不会很快做出反应；对季节留出裕度之后，寒潮是绝对有利的，而热浪的益处微乎其微，所以频繁的天气变化是很有益的；最突出的一点是只要幅度不是太大，与气温长时间不变相比，气温的变化更能使人充满活力，在同纬

度的地区里，气温下降比气温上升更能刺激人的活力；如果最佳气温持续一段时间，植物的生长速度不仅不会再加快，反而会放缓，让气温适当地偏离最佳点，几个小时之后再恢复到最佳气温，就能使植物保持最活跃状态。因此，生物体的生存法则似乎是温度多变优于一成不变。

　　诚如本书译者所述，亨廷顿是 19 世纪末 20 世纪初在美国兴起的环境历史研究的开山人之一，其主要学术成就体现在"气候脉动说"，他试图用气候的周期性变化和气候带的移动来解释人类活动与文明兴衰的更替，但是也带有比较明显的"气候决定论"倾向和种族主义色彩，不过并不影响今天从人地关系角度去理解其宏观的世界文明史解释视野和实证方法。

在青藏高原感受地理视阈下的
中国历史

　　学识有限，只能多读点书，碍于碎片化的个人浅见，所以尽量从经典著作中找寻答案。久而久之，越来越能感受到这片土地的魅力：孕育了十多条大江大河，改变了地球行星风系和亚洲气候，多圈层相互作用的特殊成矿过程，高寒生物资源聚集地和重要的生态安全屏障……进而，成就了中华文化的历史变迁与绵延。

　　一是形成了东南沿海地区的温暖湿润气候，促进了生物多样性的保存和农业技术的发展。中国北方和南方在粮食品种上存在差异，所以在面对气候变化带来降水线的南北迁移时，多样性的农业品种为人口的繁衍提供了更多的选择。虽然中国的南北梯度妨碍了作物的传播，但这种梯度在中国不像在美洲或者非洲那样成为一种障碍，因为中国

的南北距离较短，同时也因为中国的南北之间既不像非洲和墨西哥北部那样被沙漠阻断，也不像中美洲那样被狭窄的地峡隔开。

二是孕育的"亚洲水塔"和"中华水塔"，促成了中国由西向东的大河（黄河、长江），既解决了中下游平原地区的生产生活用水所需，保障了北方与南方粮食主产区的供给能力，又在陆路交通便捷性差的年代增加了水运方式的选择，方便了沿海地区与内陆之间作物和技术的传播，而中国东西部之间的广阔地带和相对平缓的地形最终使这两条大河的水系得以用运河连接起来，从而促进了南北之间的交流。江河体系和青藏高原交相呼应，形成了中国历史的地理基础。

三是成就了中国西高东低的梯次地理格局，改变了局部的大气环流走势，在地球同纬度生态系统中勾画出独特的一笔，所有这些地理因素促成了中国早期的文化和政治统一，而西方的欧洲虽然面积和中国差不多，但地势比较高低不平，也没有这样连成一体的江河，所以直到今天都没能实现文化和政治的统一。由于地理条件的影响，中国周围土地上的民族不管多么孔武有力，其文明程度总是远不及中国，以致在历史进程中，征服者或是铩羽而归，或是被华夏民族同化了。

一枝一叶亦生灵

　　青藏高原作为世界上最年轻、海拔最高、海拔跨度最大、面积最大、环境最脆弱的区域，连接着欧洲、西亚、南亚次大陆和东亚，被全球34个生物多样性热点中的3个环绕，是全球生物多样性保护与研究的热点地区汇集地。高原生物多样性是重要的战略资源和遗传资源，不仅为人类提供了稳定的食物来源及产品，而且在人类文明起源与传播中同样起着重要作用。

　　物种丰富度和特有性是了解和保护区域生物多样性的关键。青藏高原有维管植物14 634种（包括蕨类植物、裸子植物和被子植物），隶属于252科2047属；约占中国维管植物（31 956种）的45.8%，是中国维管植物最丰富和最重要的地区。其中，被子植物有13 576种（204科1855属），裸子植物有94种（9科24属），蕨类植物有964种（39科168属）。在物种丰富度格局方面，青藏高原植物多样性丰富度显著高于中国其他区域。在青藏高原内，裸子植物和被子植物存在相似的物种多样性分布格局，即多样性分布中心主要集中在青藏高原东南部，物种丰富度从东南部向西北部减少。其中，裸子植物以川西区域最为丰富，被子植物则以川西和滇西北为主的横断山区最为丰富。

　　特有物种的分布模式和多样性不仅与当前的地形、气候有关，而且与土地利用等因素有关。青藏高原不仅物种丰富度很高，而且特有物种数量也很多。青藏高原特有种子植物共有3764种，占中国特有种子植物的24.9%。按照分类系统，它们隶属于113科519属。其中

草本植物 2873 种，灌木 769 种，乔木 122 种，分别占青藏高原特有物种数的 76.3%、20.4% 和 3.3%，可见青藏高原特有物种多数为草本植物。

从科的组成上看，青藏高原特有物种子植物隶属于 113 科，含 100 种以上的有菊科、毛茛科、列当科、杜鹃花科、报春花科等 15 科，共计 2634 种，占青藏高原特有物种数的 69.98%。从属的组成上看，青藏高原特有物种子植物隶属于 519 属，占中国种子植物属的 18.07%。其中包含 30 个特有物种以上的属有 23 属，共包含物种 1814 种，占青藏高原特有物种数的 48.19%，这些特有物种具有巨大的种质资源价值和遗传多样性价值，但是特有物种中包含较多的受威胁物种和灭绝物种。

青藏高原维管植物特有物种中属于受威胁物种的有441种，占特有物种总数的11.7%，占中国受威胁物种总数的67.1%，这说明青藏高原维管植物物种的特有性与受威胁状况高度相关。

青藏高原动物多样性同样十分丰富。青藏高原记录有脊椎动物1763种（包括鱼类178种，两栖类197种，爬行类212种，鸟类833种，兽类343种），隶属于39目157科，约占中国陆生脊椎动物和淡水鱼类的40.5%。其中的特有物种数量也很多。最近研究表明，青藏高原脊椎动物物种数的28.0%，即494种为青藏高原特有物种，其中两栖类118种，爬行类113种，鱼类92种，兽类104种，鸟类67种。

青藏高原各类生态系统以草地、裸地、森林、灌丛、荒漠为主，面积之和共占生态系统总面积的86.54%。其中，草地面积最大，为156.84万平方千米，占生态系统总面积的57%，其次为裸地和森林，分别占青藏高原总面积的13.01%和8.65%，城镇、河流/人工水域面积较少，分别占青藏高原总面积的0.26%和0.45%。

不同类型的生态系统具有明显的地带性分布规律。森林生态系统主要分布于青藏高原东南部地区，位于西南诸河及长江上游流域，以四川、西藏和云南为主。灌丛生态系统多以过渡性植被出现在其他类型生态系统边缘，总体空间分布与森林相似，主要分布在西藏、四川、青海。草地生态系统广泛分布在高原中西部地区，是青藏高原的主要生态系统类型，也是我国高寒草甸和高寒草原的集中分布区。湖泊生态系统主要分布于青藏高原中西部。沼泽生态系统主要分布在西藏、青海、四川，主要包括那曲、三江源、若尔盖等地区。农田和城镇生态系统空间分布基本与人口分布一致，主要分布在川西、青海东部和雅鲁藏布江河谷等相对低海拔地区。荒漠生态系统主要分布于高原北部干旱区域。

　　青藏高原是我国重要的生态屏障，对保障我国生态安全具有极其重要的意义。青藏高原具有独特地形地貌、大气环流体系和生态系统多样性，是长江、黄河等重要河流的发源地，为我国东部发达地区提供生态系统服务。青藏高原生态系统水源涵养占到全国水资源量的20%；水土流失面积高达60%以上，高寒草地和森林在遏制土壤流失方面发挥了重要的屏障作用；青藏高原与整个东北亚—西太平洋地区的防风固沙密切相关。

　　人类的生存与发展必然会打破生态位原有的平衡，通过与生态系统中其他主体的竞争与合作，形成新的平衡。在此过程中，微生物不可避免地出现在人类世界之中，或利或弊，都会发生。换个角度来看，自然界也在适应人类的出现、人类活动的干扰，以期在资源禀赋有限

　　的情况下，学会与人类的共处，这其中必然有客观存在的规律或者机制，而且不以人的主观意志、认识水平为转移。微生物恰恰是自然界对人类刺激的响应表现之一，或许就是自然界对人类的一种警示或者启示。从本书来看，提及的种种例证反复说明，人类从出现到繁衍壮大，一次次挑战着未知的自然界，也一次次被突发的、严重的传染病所侵袭，相互搏杀之余，是人类的壮大或者新的微生物诞生，沉寂平衡一段时间后，又会迎来新的冲突。

　　人类向往更好的生活，就会需要更多的自然资源，如何与之和谐共生已然成为人类在地球上可持续发展的重要命题。说实话，之前不太理解生物多样性的价值，读了本书，又听了诸多科考专家的观点，似乎有点感受，即人类作为自然界的外来者，首要是适应自然，对未

知的环境要有敬畏心，这不只是对未知微生物可能带来的巨大影响甚至危害的敬畏，更是对科学的信任与崇敬，逐渐寻找到均衡共存的位置和出路，而多样性正是旧平衡向新平衡转换过程中的本质特征与内在动力，以此才能让生态系统在接纳人类之后仍然可以保持平稳前进的状态。

《致命的伴侣：微生物如何塑造人类历史》，是根据牛津大学出版社 2018 年版译出的，英文名为 *Deadly Companions:How Microbes Shaped Our History*。开篇提及的是 21 世纪以来第一种引起大规模流行的微生物（SARS 病毒），致命的微生物突然冒出，不加选择地肆意杀戮并散布恐惧和恐慌，引发无法预料的流行病。这就提示着人类，既要做好随时面对新的微生物突然出现并大开杀戒的准备，又要习惯和适应与诸多微生物长期共生共存的客观现实，由此，我们要冷静、严谨地了解和认识微生物。

微生物大约在 40 亿年前首次出现在地球上，它们自人类由类人猿祖先进化而来起就一直与我们共存。书中提到："这些微小的生物，通过殖民我们的身体，深刻地影响着我们的进化，并通过引发流行病杀死了我们的许多先辈，从而帮助塑造了人类的历史。"在大多数的共存中，我们的祖先不知道是什么原因导致这些"造访"，也无力阻止它们。早期的微生物类似于今天的"极端微生物"，可以在全球所有环境极度恶劣的角落茁壮生长，栖息在酸性湖泊、高盐盐沼和从最深的海沟底部的热液喷口喷出的过热水中，它们能在高达 115 ℃ 和 250 kPa 的环境下生存，被埋在极地冰盖 4 千米深的地方，潜伏在地下 10 千米的岩石中。

微生物是迄今为止地球上最丰富的生物，其数量是所有动物总量的 25 倍，有超过 100 万种的不同类型，大多数是无害的环境微生物，

目前已知仅有 1415 种微生物能够引发人类疾病。微生物存在于我们呼吸的空气、喝的水和吃的食物中。每吨土壤中含有超过 10^{16} 个微生物，海洋中病毒的总数量可达 4×10^{30} 个，如果连续放置，长度将达到 1000 万光年。

事实上，第一种微生物仅仅是在大约 130 年前才被发现，从那以后，我们尝试了许多巧妙的方法来阻止它们侵入人体和引发疾病。尽管取得了一些令人瞩目的成就，但微生物每年仍会导致 1400 万人死亡。流行病的动力取决于微生物的传播、潜伏期的长短、易感人群的规模和密度，以及地理范围（如果涉及媒介的话）。也有微生物在宿主身上不引发任何疾病的隐性感染（silent infection，也称无症状感染）。当然，人类自身存在宿主抗性，这也是在与微生物斗争中不断练就的。

白细胞是免疫系统的主体，在血液中流动并在组织中巡逻，寻找入侵的微生物并阻止它们前进。淋巴细胞是看起来无害的小型细胞，但它们组成了一支强大的军队，保护我们不受任何外来者的侵害。免疫记忆是疫苗接种的基本原理，因为免疫系统能够记住过去与微生物的相遇，从而防止被同一微生物再次感染。

到目前为止，人类似乎很方便地可以避开诸多微生物，但依附在飞行媒介的微生物却防不胜防，其中疟疾是非常典型的代表。疟疾可能以许多不同的形式出现，这取决于寄生虫的类型以及患者的年龄和免疫水平。疟疾是由疟原虫引起的，寄生在灵长类动物身上的 25 种疟原虫中，只有 4 种感染人类（恶性疟原虫、间日疟原虫、三日疟原虫、卵形疟原虫）。目前已命名的按蚊有近 400 种，其中 45 种是疟疾的

传播媒介，但对于疟疾传播来说，适当的环境温度和湿度是必要的，其传播不会在低于 16 ℃或者高于 30 ℃的情况下发生。

当上一个冰期在公元前 2 万年左右开始失去影响力时，天气变得越来越暖和、干燥，景观也随之发生了变化，世界上许多大型的动物物种也都消亡了。到 1.2 万年前，已经有超过 200 个物种灭绝，其中包括猛犸象、犀牛、剑齿虎、乳齿象等曾在恐龙灭绝后崭露头角的巨型动物。而这场灭绝的原因被认为是全球变暖和微生物流行。

从游牧生活方式到定居生活方式的转变，标志着人类历史上的一个转折点，同时也预告了一个属于微生物的新时代的来临。人类第一次从根本上永久地改变了景观，通过砍伐森林和灌木丛进行种植，破坏了自然平衡的生态系统，并通过种植农作物和饲养动物减少了生物多样性。而许多微生物抓住了这个机会，在新的宿主物种中经历了种群爆炸，实现了快速繁衍生息。前所未有的微生物兴盛是由早期的农业社群日常生活的某些特征引起的：垃圾堆积、高人口密度以及与驯养动物的密切接触。

随着人类活动的加剧，贸易和战争成为微生物开疆拓土的重要载体。尽管无法确定困扰古代军队的大多数微生物，但古代希腊、罗马时期所谓的三大瘟疫（不一定都是由典型的腺鼠疫引起）已得到特别深入的研究。一是雅典瘟疫。公元前 431 年，雅典和斯巴达在伯罗奔尼撒战争中再度处于敌对状态，雅典的统治者采取坚守不战的策略而坐等斯巴达退兵，但当斯巴达人兵临城下之时，成千上万的难民从乡下涌入城里，这是微生物得以立足的理想环境。公元前 430 年瘟疫突然暴发时，竟是如此凶猛和广泛，受害者在 7 ~ 9 天就被杀死，而肆虐 4 年的时间里杀死了大约 1/4 的人口，导致了希腊文化黄金时代及其在古代世界统治地位的终结。二是安东尼瘟疫。公元 166 年在罗

马帝国鼎盛时期暴发，微生物借助商人的自由活动和军队的持续行军，在广袤的国土上畅通无阻，最高峰时每天杀死大约 5000 人。究其源头，可能是在今天巴格达附近底格里斯河畔的城市塞琉西亚产生的，当时一支罗马军队被派去平息暴动，在洗劫一番、凯旋途中，把瘟疫沿路传播并带回了罗马，最终蔓延到整个帝国，而且延伸到印度和中国，持续了数十年之久。不断的入侵、战争和瘟疫，标志着一个持续 100 年衰退期的开始。三是查士丁尼瘟疫。公元 6 世纪，查士丁尼皇帝短暂地重新征服了北非、意大利和西班牙，并使罗马帝国重新统一。但当公元 542 年瘟疫袭击君士坦丁堡时，预告了持续两个世纪之久的一系列流行病的来临。在君士坦丁堡，瘟疫持续了一年，造成 1/4 的人口丧生，最顶峰时每天有 1 万人死亡，整个帝国的总死亡人数估计有 1 亿人。这或许是欧洲第一次腺鼠疫流行病，

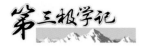

肆虐了 200 年之后，神秘地消失了 600 年，之后又以"黑死病"重新出现。

　　尽管城市的居住环境不利于健康，但 11 世纪和 12 世纪的欧洲经历了前所未有的人口爆炸，到 13 世纪中叶，人口增长超过了自然资源的供给，到了 14 世纪，随着小冰期的到来，气温下降导致农作物减产，随之而来的是经常性的饥荒。威尼斯人马可·波罗于公元 1271 年踏上史诗般的旅程，毫无疑问，随着人员、动物、食物和材料不可避免地互相交流，微生物传播的方便之门打开了。到了中世纪，大多数急性传染病在旧大陆已普遍存在，并进入不同的流行周期。尽管许多传染病已经与人类共同进化而变得不那么致命，但是鼠疫和天花在

许多个世纪里仍然令人害怕，任何一种造成的死亡人数可能都超过了所有其他传染病死亡人数的总和。

过去的 2000 年里，世界上发生了三次腺鼠疫大流行：第一次是公元 542 年的查士丁尼鼠疫。第二次是黑死病，1346 年暴发，1353 年消退，但此后 300 年里，又以不可预测的方式反复出现且引发了可怕的流行病，1665—1666 年，文艺复兴鼠疫（也称伦敦大鼠疫）是该微生物的最后一次暴发，之后绝迹于北欧。第三次是 19 世纪中叶以后，在中国暴发的鼠疫，它在云南积蓄力量，1894 年到了广州，夺去了当地 10 万居民中 40% 的人的生命。

致命的天花病毒（重型天花或大天花）是人类最早的人畜共患传染病之一，杀死了大约 1/3 的感染者。天花病毒和麻疹病毒一样，只有当种群规模足够大和足够密集来维持它时，才能成为一种纯粹的人类病原体。R_0 代表着流行病的基本繁殖率，即易感人群中每一个病例感染新病例的平均数量。天花的 R_0 为 5 ~ 10，而麻疹的 R_0 则是 15，其中的原因可由它们的基因构成来解释：麻疹有一个天然的高突变率 RNA 基因组，而天花病毒则是一种稳定的 DNA 病毒，需要更长时间才能适应人类。天花的流行频率和凶猛程度一直在增加，直到 19 世纪由于种痘术和疫苗接种的相继产生而发生改变。

1492 年克里斯托弗·哥伦布的到来代表了在相对没有急性传染病微生物的生活和被几十种微生物杀戮的生活之间的分水岭。对于欧亚大陆人经验丰富的免疫系统来说，从天花、白喉、麻疹、猩红热、百日咳到流感、腮腺炎，其影响程度轻重不同。但对于美洲原住民来说，几乎所有的一切都意味着灾难，其结果是在接下来的 120 年里，人口减少了 90%。在哥伦布到达时，居住在伊斯帕尼奥拉（今天的海地）的 800 万美洲土著居民，40 年后无一幸存。当然，微生物的流动也是

双向的，在哥伦布返回欧洲的时候，3 种新疾病（梅毒、斑疹伤寒和英国多汗症）在欧洲首次亮相。

霍乱微生物在英国统治印度之前，被限制在其孟加拉湾的天然家园。当英国开辟了贸易网络并升级了军事行动之后，霍乱微生物迎来了走向世界舞台的机会。1817 年，孟加拉湾异常强烈的季风降雨造成了大范围的洪水和农作物歉收，促成了当地霍乱的严重暴发，这恰好与英国军队在该地区的行动时间相吻合。疫情迅速蔓延，直到 1824 年初才消失。迄今为止已经发生过 7 次霍乱大流行，霍乱弧菌逐渐地远离其家乡，在任何地方都可以引起大规模的流行病，而恶劣的卫生条件使霍乱弧菌能够进入供水中。这恰恰在警醒着我们，预计到 2025 年，世界上约有 35 亿人没有干净的饮用水。

在第二次世界大战之前的几乎所有军事行动中，引起斑疹伤寒的普氏立克次体，与其他微生物造成的死亡远远超过战争本身造成的死亡。1812 年夏天，拿破仑远征俄国的兵力超过 50 万人，抵达波兰时遭到斑疹伤寒的袭击，进入俄国时只剩下 13 万，经历酷寒冬天时，普氏立克次体以及痢疾、肺炎、饥饿和冻伤继续摧残着拿破仑的军队，最终只有 3.5 万人活着回了家。不屈不挠的拿破仑翌年又召集了 50 万人的军队对德作战，但军队中的斑疹伤寒再次成为战败的主因，以致许多历史学家认为，正是普氏立克次体破灭了拿破仑统一欧洲的雄心壮志。

除去最近 150 年，人类对传染病的病因一点都不了解，事实上也没有有效的治疗方法。直到 18 世纪，在疫情流行期间，医生所能提供的最佳建议是逃跑与祈祷。公元前 4 世纪的古希腊医生希波克拉底率先摒弃了迷信和宗教信仰，将疾病归咎于 4 种体液的失衡：血液（sanguine）、黄胆汁（choleric）、黑胆汁（melancholic）、黏液（phlegmatic）。

希波克拉底最大的贡献是对特定疾病的详细描述，将一种疾病与另一种疾病区分开来，并把它们归类为流行病或地方病。细菌学的黄金时代正式开启，科赫从炭疽中分离出了炭疽杆菌。1822 年和 1823 年，他又分离出结核杆菌、霍乱杆菌，为微生物与疾病之间的联系建立起严格的科学标准。现在，这种科学标准被称为科赫法则。微生物必须具备的特征是：在每一个病例中都出现相同的微生物；能从宿主中分离出该微生物，并可在纯培养物中生长和保持；将该微生物的纯培养物接种到易感动物体内，同样的疾病会重复发生；从试验发病的宿主中能再度分离培养出该微生物。

面对新兴微生物的威胁，当下的人类是否比祖先做了更好的准备？目前的局面在未来是不可持续的，迅速增长的人口，加上人类的贪婪带来的能源危机、缺乏清洁水、大气海洋陆地污染、植物和动物灭绝、生物多样性丧失、臭氧层空洞和全球变暖。在这个过度拥挤的世界里，人类一直在不断地挑战文明的边缘，持续入侵新的环境，破坏几千年来一直处于稳定状态的生态系统。无论是被破坏的雨林、被堵塞的河流，还是被猎杀的野生动物，它们每一个都是人类所知甚少的微生物的生态位，其中一些微生物还有可能感染甚至杀死我们。贫穷是引发与微生物相关的死亡的主要原因。在西方，只有 1% ~ 2% 的死亡是由微生物引起的，而在世界上最贫穷的国家，这一数字上升到 50% 以上，全球 95% 以上的感染死亡正是发生在那些微生物严重感染地区。随着旅途时间的缩短，地理空间急剧萎缩，微生物的传播速度加快。人类可以自由选择抗生素的种类和治疗时间，非处方抗生素使问题变得更加复杂，在最容易获得这些药物的国家中发现了最高水平的多药耐药性微生物，而且养殖动物也消耗了世界上一半以上的抗生素。

微生物是地球上最早进化的生命形式，现在它们的数量比其他任何生物体都多，栖息在每个可以想象的生态位上，包括其他物种的身体。数以百万计的微生物生活在我们的皮肤上和身体里，绝大多数要么是我们生存所必需的，要么是完全无害的。病原微生物一直在利用我们的文化变迁，将每一场变迁转变成对它们自己有利的条件。在每一个新的阶段，微生物都做好了突袭准备，常常从其天然动物宿主身上转移到人类身上，然后与我们一起进化，其目的通常是互惠互利。人类社会结构的日益复杂加剧了不平等，在过度拥挤、不卫生的生活条件的推动下，加上旅行者的传播，机会性微生物引发了毁灭性的流行病。尽管人类在与天花、麻疹、脊髓灰质炎病毒的斗争中取得了长足进步，但对于大多数病原微生物来说，全球根除几乎是不可实现甚至不敢奢求的目标。人类缓慢的进化速度无法与微生物的多样性和快速适应性相匹敌，因此对付微生物最好的防御手段是我们的大脑。

游走碳时代

碳是宇宙中第四多的元素，却不是地球上第四多的元素，地球上的碳数量甚至排不进地球上丰富元素的前十名，但碳构成了所有生命的结构和燃料。大约 20 种元素就创造出所有的生物，然而有 96% 的生物躯体，却只由 4 种元素（碳、氧、氢、氮）构成，而且大多数的氧与氢是以水的形式存在的。碳就是黏合、释放和重造生命分子的魔术贴。

《碳时代：文明与毁灭》是由美国学者埃里克·罗斯顿（Eric Roston）所著，对影响全球气候的根本因素——碳的历史作了全面阐述，分为自然界和非自然界两篇，各有六章。

选择了其中几章读过之后，尽管对"碳时代"的概貌无法详细了解，但是解决了一些基本常识和基本判断上的困惑。全球陆地生态系统可以吸收人类活动碳排放的 31% 左右。在我国，陆地生态系统碳汇可以吸纳人类活动碳排放的 10% ~ 15%。陆地生态系统在实现碳中和中将发挥不可替代的作用。保护修复生态系统，提高生态系统碳汇能力，为经济发展提供碳排放空间，对实现碳中和具有特殊价值。青藏高原自然生态系统面积大、比例高，分布有森林、草地、湿地、荒漠等复杂多样的生态系统类型。青藏高原不仅是藏羚羊等野生动植物的家园，还具有巨大的涵养水源、碳汇和气候调节功能，在全球生物多样性保护、亚洲水资源安全、维持气候稳定和碳中和方面发挥重要作用。在生态保护修复、气候变化以及经济社会快速

发展的背景下，研究青藏高原碳中和的现状、变化趋势与碳汇潜力可为国家实现碳中和、青藏高原地区绿色发展与生态保护恢复提供科学依据。

对于全球变暖现象，所有的研究、辩论与积怨，都浓缩成两个基本的概念：一是地球的温度和大气中的含碳成分，在每个地质时间带上都会相互牵动。地质记录显示，生命总是在帮助调节大气的碳含量，在较大的时间尺度上，还是地球物理学力量占主导地位。二是人类让全球碳循环加速到正常状况的 100 倍以上，把这个世界改造成另一个样子，到最后我们自己可能都认不出了。突然的气候变化以前也出现过，最近一次是距今 1.2 万年前。科学家在短期与长期的碳循环之间

做出区别。短期循环延续几小时、几年或者几百万年，并且描述了碳穿越生命、水域、土壤和空气的路径；长期碳循环则补充了这条路径的另一段：地壳。人类文明让长期与短期的碳循环短路了。

地球的碳存量多达 75 京吨（京是兆的一万倍），大多数埋藏在石灰岩、白云石以及被称为油母质的钙化油渣、煤炭、石油和天然气中。地球上保持能量守恒，没有创造也没有毁灭，只是循环。大气中夹带了 9000 亿吨的碳，地面上的植物含有 6000 亿吨的碳，土壤则吸收了自身 3 倍的量。虽然大气中的碳含量对地球的可居住性质有不成比例的重大影响，这些碳或许只是地球总储存量的十万分之一。可开采的化石燃料中，可能含有 5.5 ~ 11 兆吨的碳。海洋带有约 42 兆吨的碳，

大多数埋藏在中间地带或者深海里。海洋吸收了大约一半由人类排放的碳。

宇宙大爆炸只散播出 3 种最小的元素：氢、氦、锂，刚好比氢大的元素——锂、铍、硼——在宇宙中太罕见了，对于恒星的能量制造没办法发挥显著的作用。所以在状况正好、恒星够大、内核够热的时候，氢就会开始燃烧成另一种元素：碳。1938 年初，贝特领悟到恒星还有第二种方法可以把氢烧成氦，但是要有碳才能做得到。他形容"碳氮氧（CNO）循环"是比太阳还要大的恒星会经历的一个阶段，在这个循环中，1 个碳原子核和 4 个氢原子核（或质子）在一连串的反应中熔接在一起，这些反应制造出 1 个新的氦四原子核，还有原始的碳十二原子核。接着，碳回头跟另外 4 个质子启动一个新的循环。

　　所有生命都是一种经过统合的化学现象。生命是由包裹在生物体膜中的化学物质，以及永续运作的化学变化所构成的系统。生命之所以具有多样性，是因为基因编码中的随机突变，经历了达尔文式的自然选择。碳跟氢、氧、氮、磷结合形成 DNA，并在质量上占大部分。当生物变得更多样化，而且世界上的生物数量大增的时候，生命演化的过程就会影响全球的碳循环，全球碳循环同时也反过来影响生命演化过程。从一开始，生物就已经帮助调节了碳在大气、海洋与陆地中的总量，这些条件反过来影响演化。地球在本质上是一个封闭的物质系统，碳、水和其他物质的总量，可能跟这个星球刚形成时的数量差不多。由此看来，演化对碳穿越地球体系的路径而言，具备伸缩调节的作用，重设了地球化学循环（大气、海洋和陆地）之中的无数条回路。

　　二氧化碳几乎从地球初生之时，就给地球一个能够保住热度的大气层。二氧化碳对于生物圈来说是很关键的，作为大气中的一种气体，二氧化碳吸收热，并阻止热逃回太空中。美国太空总署把他们的二氧化碳监控卫星命名为"OCO 任务"，其实是一语三关："OCO"即排碳量观测台（orbiting carbon observatory），也可以视为二氧化碳分子的结构图，而在波兰语中可译为"眼睛"。

　　拉夫洛克（Lovelock）因"地球是一个自我调节的有机体"假说而成名，事实上这是一个半比喻半假说的理论，他使用了古希腊神话中地球之神盖亚（Gaia）的名字来描述这个有机系统。

　　地球的辐射能收支，来自从太空中进入与离开的能量流。人为的碳排放导致地球重新平衡自己的能量收支：提高温度和海洋的酸度，融化冰层，以便调节被包裹在地球体系中的多余能量。太阳能（或称太阳辐射）以平均每平方米 342 瓦的功率接近地球，大约 30% 的辐

射会从大气层、云层、冰雪覆盖的极地、覆雪的山峰、尘埃、空气中的悬浮粒子与地表色泽较浅的地区弹出。云层在此扮演双重角色。云层会把热量留在云层和云与地表之间；作为平衡，云朵反射性地把光线从表面弹开，总结起来产生的是冷却效果。

甲烷作为吸热气体，其吸热能力比二氧化碳强大约21倍。不过要是把这两种气体在大气中的丰富含量也列入考量，来自甲烷的暖化推动力只有二氧化碳的一半。

华莱士·布勒克尔（Wallace Broecker）曾言：史前气候记录大声告诉我们，地球的气候系统绝不是能够自行控温的系统，而是个脾气坏的野兽，就算只是被轻推几下也会反应强烈。火山、太阳能的改变，还有各种温室气体，都被视为压力来源。某些科学家已经把人类对生物多样性的冲击，视为寒武纪以来的第6次重大灭绝事件。IPCC报告中提到，显然未来天气变化带来的冲击，不只取决于气候变化率，也要根据未来世界的社会、经济与科技状态而定。人为的地球变暖，抹消了生物和地质时间尺度的界限，与人类在地球上的其他作为一样明显。

能量和物质流经地球系统的规律性，高于人类驱动一个经济体系的规律性。从许多方面来说，人类行为比地球的行为复杂得多。

评估全球变暖的潜在影响，必须评估可能出问题的每件事及其之间的连锁反应，以及发生率和严重性。例如，温度升高会蒸发更多水，这又进一步提高了温度；冰层融化并消减了地球的地表反射区，这又招致更多的热；土壤释放出储存的碳，海洋尽全力吸收碳，又留下更多碳堆积在大气之中。

气候变化的解决方案，就是停止把含碳矿物燃烧成大气气体，停止砍伐森林。从更广泛的方面来设定这个目标，工业界要找到一个在生物圈之中、在短期碳循环之内存活下去的方法。能量来源在这短期大循环中是可再生的，而且能量在生物（而不是在碳氢化合物化石里才有的死物）之中储存与移动。

云深何处觅福音

矿产

　　青藏高原位于全球三大成矿域之一特提斯成矿域的中段和核心位置，从北向南先后经历了原特提斯洋、古特提斯洋和新特提斯洋长达5亿年的地质演化和构造迁移，形成了多条俯冲—碰撞造山带，随着印度大陆和欧亚大陆在6000万年前发生碰撞拼合，最终形成了青藏高原和喜马拉雅山脉。在经过如此漫长而复杂的地质演化过程后，青藏高原蕴藏了规模巨大的多种矿藏，最近20年一批具有世界级规模的成矿带和超大型矿床相继被发现。

　　青藏高原南部喜马拉雅地区广泛分布的淡色花岗岩是该地区的重要地质组成，是国际上最具特色的花岗岩区之一，特别是在岩石学方面表现出与稀有金属花岗岩类似的特征。因此，这些稀有金属成矿作用值得高度关注，但是前人关于西藏花岗岩中稀有金属成矿作用的研究成果较少，第一次青藏科学考察期间仅在珠峰附近的加布拉地区、亚东附近的告乌和错那地区报道过绿柱石的存在。

　　稀有金属元素以"稀"为主要特征，它们的地壳丰度很低（一般为ppm级以下），成矿需要元素数百至上万倍的超常富集，成矿条件苛刻。在什么条件能够超常富集形成稀有金属矿床，是正确认识稀有金属成矿机制的首要问题。

青藏高原具有丰富的铜、铅—锌、铬、镍—钴和稀有金属矿产资源。我国前五大铜矿都在区域内，初步查明的铜金属储量在6900万吨以上，占全国保有储量的75%。同时青藏高原拥有我国唯——处规模开发的铬铁矿（罗布莎）、规模最大的两个铅锌矿（火烧云和金顶）、规模最大的造山带岩浆镍钴矿（夏日哈木）与最大的锂矿（白龙山）。

喜马拉雅淡色花岗岩高分异与稀有金属成矿理论有了新突破。喜马拉雅造山过程形成了大量淡色花岗岩。通过喜马拉雅带的科学考察工作和对比研究，发现喜马拉雅淡色花岗岩应为高度结晶分异成因，且大多与锂、铍、铌、钽等稀有金属成矿作用关系密切，特别是发现喜马拉雅淡色花岗岩具有较高的锂元素丰度。鉴于富成矿挥发

分的伟晶质岩浆往往具有向上迁移的性质，含锂伟晶岩应侵位于远离母体花岗岩的更高处，高分异淡色花岗岩外侧远端的围岩——喜马拉雅区域构造层位的上部或更高海拔地区可能产出伟晶岩型锂矿，提出"向强分异母体花岗岩的更远端、更高处找锂"的科学判断。

青藏高原兼具特提斯洋俯冲和大陆碰撞的双重成铜条件，既发育新特提斯洋俯冲相关的岛弧型斑岩铜金矿，还发育大陆碰撞环境的斑岩铜钼矿。深入研究西藏冈底斯驱龙斑岩矿床发现，其热液蚀变规模（面积约 32 平方千米）可与全球第二大斑岩铜矿——智利的丘基卡马塔铜矿相媲美，矿区的蚀变分带和蚀变矿物组合特征也基本相似。驱龙勘探深孔从 988 米加深到 2600 米，铜矿储量由 1100 万吨增大至 2300 万吨，钼储量由 50 万吨增大至 150 万吨。但是弥

散状的钾长石化蚀变较弱或还未被揭示出来，斑岩核心部位（深部）的硅化网脉带（钼矿主带）也尚未完全研究清楚。遵照矿床学规律，结合遥感信息与野外验证，青藏高原重点铜矿床的深部依然是较大的资源前景区。

我国铬铁矿消耗量超过全球的一半，但储量和产量都不到全球的1%。铬铁矿主要产自蛇绿岩，青藏高原发育5条巨型蛇绿岩带，特别是与新特提斯洋有关的班公湖—怒江和雅鲁藏布江蛇绿岩带，延伸都超过2000千米。通过全球尺度蛇绿岩带对比和大洋岩石圈演化生命周期研究，雅江、班公湖—怒江所处的新特提斯蛇绿岩带是潘基亚超大陆裂解和联合大陆重构带快速响应，与特提斯西段富含铬铁矿的巴基斯坦、伊朗和土耳其蛇绿岩极为相似。针对铬铁矿地球物理探测难题，提出了基于"视金属因子"的成矿预测新技术，大地电磁测深

发现了蛇绿岩内部解耦结构，也在罗布莎南部、班怒带的东巧和依拉山岩体发现了多处类似特征的地球物理异常。

造山带岩浆型硫化物矿床陆续被发现，超过95%的镍（Ni）和约50%的钴（Co）均产自岩浆型硫化物矿床，如东昆仑造山带夏日哈木超大型镍铜硫化物矿床和中亚造山带南缘的黄山—镜儿泉镍铜硫化物成矿带。通过对夏日哈木镍钴成矿带成矿控矿持续研究，构建了"幔源岩浆地壳深部同化混染—硫化物熔离—聚集成矿"的造山带岩浆型镍铜钴硫化物成矿模式，俯冲板片携带富镁碳酸盐流体进入地幔楔，在碰撞后初期发生俯冲板片撕裂，诱发交代地幔的大规模部分熔融，产生巨量幔源岩浆，经历强烈的地壳混染和硫的加入，最终金属硫化物在重力的作用下发生聚集，形成镍钴硫化物矿体。

基于喜马拉雅高分异淡色花岗岩成因新理论与科学预判，琼嘉岗一带发现 40 余条宽达数十米以上的锂辉石伟晶岩脉。采集的 59 件样品中，44 件氧化锂含量在工业品位（0.80%）之上，最高达 3.30%，平均为 1.30%；氧化铍含量平均为 0.051%，高于共伴生品位（>0.04%）。

错那洞矿床是喜马拉雅淡色花岗岩带内发现最早并具有较大规模的锡钨铍矿床，金属铍主要赋存在矽卡岩矿物符山石、方柱石和晚期热液改造的石榴子石中，目前选矿技术难以实现铍元素的有效利用。新近发现两种似层状锡石硫化物型锡铍钨矿体，选矿实验表明，该矿床不仅能够回收利用锡、钨与萤石资源，还能获得品位 0.98% 的铍粗精矿产品，铍的可选性良好。

全国地球化学图上喜马拉雅地区为铯铷高异常区。在西藏南部沿造山带采集了十余个岩体中的样品，通过系统的岩石学和地球化学分析，新发现了含铯榴石—锂云母的钠长花岗岩。该铯榴石—锂云母钠长花岗岩中全岩 Cs_2O 含量达到 2% 以上。这是青藏高原地区首次发现铯榴石矿物。

龙陵—腾冲一带新发现金云母型铷矿，铷主要产于花岗岩与围岩接触带的矽卡岩型铁多金属矿中的金云母之中。金云母中的 Rb_2O 品位为 0.17% 以上。据初步统计，该区矽卡岩型铁多金属矿带南北长约 7 千米，东西宽约 1.7 千米。

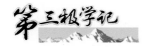

点绛唇 · 高原矿产

万仞西南，

花岗岩淡新分异，

更高寻锂，

北可闻峰喜。

铬铁何藏，

铜掩蛇绿匿，

盐湖碧，

镍钴初觅，

滚隐羌塘坠。

写于 2022 年 1 月 31 日

　　此外，青藏高原拥有丰富的水能、地热能、太阳能和风能资源。青藏高原有"亚洲水塔"之称，水力资源理论蕴藏量和技术可开发量均居全国首位；青藏高原是我国大陆地区高温地热资源的集中聚集区，已建有两座高温地热电站；西藏太阳的年辐射总量要比同纬度的东部平原地区高出 1/3；西藏大多数地区的风速较快，风能资源也相当可观。

羌塘

青藏高原位于全球油气产量最高、储量最丰富的特提斯油气域东段，与之毗邻的西段是著名的中东波斯湾油区，南段是东南亚油气区。特提斯域面积仅为全球面积的 17%，而油气储量却占世界已探明总储量的 2/3。青藏地区发育了以羌塘盆地（面积 20 万平方千米，与四川盆地相当）为代表的大型含油气盆地，并且与上述油气区具有相似的地质背景，具有形成大油气藏的基本地质条件，但由于特殊的自然环境，油气评价程度相对较低，是我国陆域目前油气勘探程度最低的油气新区。

第二次青藏科考通过野外石油地质调查、二维反射地震、构造变形分析、构造热年代学、羌科 1—井等研究，并综合分析近 30 年来相关单位的油气地质调查与研究成果，形成了一些新认识。

一是研究了古特提斯洋关闭、新特提斯洋快速扩张与盆地形成演化的关系，分析古地理演变对石油地质条件的控制作用，提出北羌塘前陆盆地油气系统为盆地主要勘探层系，推动了油气勘探方向的转变。

二是明确了地质事件对羌塘盆地主力烃源岩的控制作用，提出早侏罗世托尔期全球缺氧事件和晚三叠世全球润湿气候事件是控制盆地主力烃源岩的主要因素，为重新评价和认识盆地油气资源潜力提供了理论依据。

三是证实中侏罗统夏里组和雀莫错组发育厚度较大的膏盐岩层（>600 米），且横向延伸连续、封盖条件良好，为盆地优质区域性盖层，

表明羌塘盆地具备较好的油气保存条件，证实盆地油气封盖性能优越，打破了羌塘盆地"缺乏优质盖层"的传统认识。

四是盆地构造改造事件序列及其与油气生成与保存条件的关系。北羌塘盆地变形样式以大型复式褶皱为主，南羌塘盆地为多层次大型逆冲推覆构造，盆地中生代晚期以来经历 140—80 Ma 及 50—40 Ma 两个主要抬升剥露期，其中第二期与印度—欧亚碰撞事件相关，导致南羌塘盆地发生大规模逆冲推覆，对盆地油气藏具有显著破坏改造作用。

五是根据盆地构造改造、岩浆活动、抬升剥蚀的对比分析，对盆地有利油气保存单元和远景区进行了划分和预测，在北羌塘盆地预测出 3 个油气有利远景区，为下一步油气评价和勘探工作部署提供了依据。

尽管经过近 30 年的石油地质调查与研究，对羌塘盆地油气评价与勘探工作取得了上述共识，但在基础地质、油气地质、方法技术、绿色环保勘探等方面还存在诸多问题。

一是基础地质问题。对南北羌塘基底时代和性质、南北羌塘拼合时间和机制尚存在争议，亟待开展联合重磁电震反演，研究盆地基底埋深和隆凹格局，分析基底断裂和基底隆凹格局控盆作用；南北羌塘坳陷地层难以准确对比，对重要烃源岩和储层层位存在争议，现有岩相古地理不能有效地揭示古地理对重要烃源岩和储层分布的控制作用。

二是油气地质问题。对制约盆地油气评价的一些重要油气地质问题认识不清。虽然通过系列浅钻，揭示盆地发育有优质烃源岩，但是对于盆地覆盖区优质烃源岩的横向和纵向分布、连续性、规模等系列参数并不十分明确，生烃凹陷的位置也有待进一步落实；规模性储

层和盖层有待进一步落实；岩浆活动、构造隆升剥蚀等对油气保存的影响尚不清楚；盆地总体保存条件需要进一步评价，需查明羌塘盆地是"区域保存、局部破坏"还是"局部保存，整体破坏"；成藏规律有待进一步深入研究，对羌塘盆地油气生成史、埋藏史和热史尚未获得准确认识；对盆地资源潜力还有待通过深部结构和资料进行进一步评价。

三是方法技术问题。二维地震技术作为盆地油气评价与勘探的重要技术方法，是查明盆地结构构造和油气潜力的基础和前提，但目前尚未取得突破，二维地震资料整体上仍然是信噪比低，分辨率不能满足识别沉积相、储层、火成岩特征及有利相带的要求，针对羌塘地区高寒、冻土、复杂构造区这一特殊地质条件的地震技术国际上也无先例可循，因此，如何通过地震攻关获取约束盆地深部结构成为探索羌塘复杂区油气成藏理论和盆地油气评价的关键，建立羌塘高原复杂地质条件下的勘探技术组合仍是目前存在的问题。

四是绿色环保勘探问题。青藏高原自然环境特殊，盆地平均海拔5000米以上，高寒缺氧，交通不便，科考工作条件非常艰苦、难度大，同时羌塘地区生态环境脆弱，尽管油气勘探对环境影响有限，但为了最大限度地降低不利影响，需要建立绿色、环保、安全油气调查与评价体系。

点绛唇·羌塘

逐梦羌塘，

特提斯衍生烃储，

青巅推覆，

圈闭惑期许。

索瓦湎穿，

夏里通布曲，

雀莫阻，

那底何幕，

巴贡惊鸿遇。

写于 2021 年 12 月 31 日

羌塘油气的"蓝、白、绿、红"。

一张蓝图，久久为功。坚持"步步为营、小步快走"，遵循油气勘探的客观规律和科学步骤，可以按部就班快点走、不能三步并作两步跑，初步设想的步骤是：重新解译，羌科—1 井是潜力；地质精查，路线方法是惊喜；绿色监测，符合环评是根基；二维地震，信息效果是难题；地质浅钻，测井录井是标尺；靶区优选，理论验证是要义；论证钻探，稳准精深是预期。

基础理论和野外考察的战略空白区，加强关键科学问题综合研究，以理论突破实现与野外考察结果的相互验证，解决"走到哪是哪"的偶然性，回答"为什么"的理论必然。

突出生态环境保护的严格约束，加强绿色二维地震和钻探技术攻

关，以环评标准作为设计施工的前提条件。

　　围绕人员、生产、生态等安全红线，科学设计钻探方案，解决高寒缺氧、钻井废弃物、生活营地三废等问题。

济天下，攀高峰

2022年8月19日，是习近平总书记致第二次青藏科考贺信五周年，原打算当天写点感受，却因为临近时忙忙碌碌未能落笔，处暑之后，天气渐凉，找个机会，谈谈这两年对青藏科考的体会。

从事科技行政工作十八年，接触的科学家很多，无论哪个领域，久而久之发现，他们都有一种坚定的精神力量在支撑和引领事业的发展进步。第二次青藏科考启动以来，艰苦奋斗、团结奋进、勇攀高峰的精神成为全体科考队员的信念支柱和不竭动力。我也一直试图感受和归纳其中的科考特质和内涵，苦于思考和表达能力有限，纵使心里大致刻画了模样，却也难以用文字精准描述，纠结反复，选择用最简单的方式来诠释——济天下、攀高峰。

济天下

济，以水而齐，善水治平。水恰恰是青藏高原寓诸多视角下的核心价值所在，诸多大江大河发源于此，孕育了中华民族的繁衍生息，汇聚了垂直高度上的生物多样性共荣共生，铸就了祖国西南的生态屏障；青藏高原的地质构造和演化过程，改变了西风和季风的走势，形成了中低纬度冰川的聚集区，创造出三极联动的独特景象。如果说青藏高原是"亚洲水塔""中华水塔"的肌体，那么水就是青藏高原的魂魄。

第二次青藏科考聚焦水、生态、人类活动，以水为先，依水为媒，既从水的固相、液相入手，又从大气圈、冰冻圈、水圈综合，再到水与生态、生灵、生境、生计的内在联系；聚焦自然世界水的变化与机理，拓展到水的影响与贡献；从国内到亚洲再到全球，从若干个百万年到当下再到未来，青藏高原的水绵延润泽、生生不息。

第二次青藏科考的科学家们，胸怀"济天下"的理想，担负着找寻人类命运共同体科考答案的使命，直面气候变化的多因素扰动、多情景差异、多模型分歧的现实，努力从青藏高原的冰川河流、草木生灵中寻找详尽的记录，从第三极独特的位置环境中发现全球尺度的作用与关联，探索人类面对自然界不确定变化的科学准备和模拟研判之策；承载"济天下"的职责，担负保护中华民族永续发展根基的嘱托，直面水资源的供需矛盾、灾害挑战、安全风险，从江河湖源、湿地沼泽到冰雪积融、径流变化，从西风季风、水汽输送到气候变化、陆海协同，纵览高原的水的液相、固相、气相，解读蕴藏其中的生存密码；练就"济天下"的本领，自然界的变化或敏捷迅速，或循序渐进，或气吞山河，或了无踪迹，青藏科考正是要捕捉其中的关键讯息，全尺度、全天候、全要素，进而创新分析模型，形成规律性认识，提高研判未来的准度和精度。

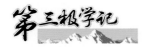

攀高峰

青藏高原的科学考察研究，必不可少的就是和山川打交道，地图上的258万平方千米，点点滴滴记录着几代科考人的足迹，虽然不可能覆盖到每一个角落，但是行走第三极始终是青藏科考的基础和传承，从突破地理上的禁区和极限出发，科考不断升华着一代代践行者在世界观、人生观、价值观的追求境界。

舍我之峰。瞄准地球之巅、无人之境，用脚步丈量高原的每寸土地，用眼睛观察高原的每刻变化，长年累月，无惧风餐露宿，星夜兼程，不怕高寒缺氧，路的尽头再走一步，山的峰顶多驻一时，以辛勤和磨砺换来对第三极的感同身受。

忘我之峰。科学无止境，研究有恒心，坐拥主场之利，担当天下使命，从高原隆升、人类繁衍到历史变化、文化演进，从生态屏障、物种多样到和谐共生、高寒文明，青藏科考不断拓宽科学事业、聚焦科学问题、找寻科学方法、构筑中国学派。

无我之峰。青藏高原弹指间亿万年风轻云淡，人类寓其中或是昙花一现。在科考事业的奋进中，心无杂念，坚持的是一种对祖国、对世界、对科学、对人类的价值追求，或许籍籍无名，或许默默无闻，或许匆匆而过，但精神的充盈向上和求是的信仰力量始终是科考队员无悔青春的本质动力。

科考寸步

玉树

2020 年 10 月 9 日，CZ6993，北京大兴—西宁曹家堡

MU2344，西宁曹家堡—玉树巴塘

2020 年 10 月 11 日，TV9931，玉树巴塘—西宁曹家堡

醉花阴·玉树

（青干班的室友曾挂职玉树三年，当时钦佩不已；今身临其境，感触良多，更为叹服；实无睡意，遂填词以为敬）

云洗碧空逢玉树，终寻故人步。

五象嬉双河，山寺余音，结古新妆曝。

夜寒辗转无眠苦，临境知身许。

鬓悄染秋丝，亦倾微澜，不负来时路。

写于 2020 年 10 月 9 日 22:40，玉树

喜迁莺·辛丑迎春

（庚子腊月，工作之缘，登门青藏科考栋梁十余家。上下四方曰宇，
往古来今曰宙，于此颇感集大成，粗浅所悟，寄望新岁国泰民安）

西风季，垒冰川，星河探峰巅。
昆仑喜马溯祁连，七脉六江蜷。
鸟兽禽，草林灌，矿富物丰史绚。
翠屏长筑启新勘，鸿鹄奔云天。

写于 2021 年 2 月 12 日

拉萨、林芝

2021 年 4 月 27 日，CA4125，北京—拉萨贡嘎

2021 年 4 月 30 日，林芝米林—成都双流

廓琼岗日冰川，中国冰川编目号 5O270B0143，位于西藏拉萨市境内念青唐古拉山西南侧，经度 90.197 868°E，纬度 29.863 929°N，2020 年左右冰川面积约为 0.87 平方千米，冰川分布海拔范围为 5668 ～ 5922 米，属于小型山谷冰斗类型。2020 年起该冰川作为拉萨地球多维网地球系统平台一部分，对其开展了冰川—大气—水文综合观测与研究。根据 KH、LandSat、Planet 卫星影像及无人机测影像分析，1968 年以来冰川末端已经退缩约 330 米，年均退缩 6 ～ 7 米，2021

年冰川较 1968 年面积缩减 48%。第二次青藏科考利用无人机进行冰川表面高程高精度测量，2020—2021 年该冰川高程平均降低约 2.5 米，末端区域减薄量达到 4 米左右。雷达测厚显示该冰川最厚处位于中部 5780 米处，最厚 75 米左右。冰川 15 米处冰温约为 –4.5℃，冰川运动速度非常缓慢，2020—2021 年平均运动速度仅为 3 ~ 4 米 / 年。

4 月 29 日，雅江冰崩堵江点

太常引 · 再到拉萨

（时隔三年，第二次青藏科考之缘，重访拉萨。努力适应高反，却仍夜半无眠，随手填词，静候冰川）

烟花三月日光城，雪域探早耕。

十载布宫逢，辗转侧，青葱泯朦。

远瞻昭寺，近涤八廓，青藏翠屏升。

夜寂慕珠峰，初心守，朝夕只争。

写于 2021 年 4 月 28 日，拉萨

醉花阴

（第一次到冰川，第一次到 5200 米以上，第一次真实体验科考一线的工作环境，对科学家和队员们的崇敬油然而生。一路由拉萨到廓琼岗日冰川再到林芝，十余小时，几百千米的路，途径米拉山隧道，省去了曾经的 5000 米山口，尽管辛苦，却也心甜）

初沐廓琼冰泽漫，无限风光险。

吁气寸行难，凛冽拂面，云且说春暖。

大千幻化寻踪远，身苦从心愿。

千里顺尼洋，米拉重游，一隧穿天堑。

写于 2021 年 4 月 29 日，从拉萨往林芝的路上

清平乐

（林芝一日，循着雅鲁藏布江两岸，感悟雅下、川藏部署意深，欣逢南迦巴瓦真貌，惟尽寸心，祈愿国泰民安）

溪潼照雪，

云谒南迦慲，

雅水回眸湍波烈，

铁骑岭穿涧跃。

丛峻掩杜鹃叠，

沙丘沁墨脱肇，

擘画千秋重器，

众志绵力同结。

写于 2021 年 4 月 29 日夜，林芝

果洛、西宁

2021 年 5 月 8 日，CA1267，北京首都国际—西宁曹家堡

TV9939，西宁曹家堡—果洛玛沁

2021 年 5 月 9 日，TV9921，果洛玛沁—西宁曹家堡

2021 年 5 月 10 日，CA1204，西宁曹家堡—北京首都国际

阿尼玛卿冰川基本信息：

据 2016 年遥感资料的统计结果显示，阿尼玛卿山地区分布有冰川 74 条，冰川总面积约为 99.45 平方千米，冰储量约为 42.47 立方千米。利用多源遥感资料估算的冰川表面高程变化结果显示，该区域 2000—

2013 年冰川表面的平均减薄速率约为 0.51 m/a。第二次青藏科考对唯格勒当雄冰川进行考察并进行冰芯钻取及相关水文气象综合观测。该冰川 2016 年的面积约为 12.21 平方千米，长度约为 9.98 千米，冰储量约为 6.41 立方千米，冰川分布在海拔 4508～6255 米，平均坡度约为 17.02°，2000—2013 年该冰川的减薄速率约为 0.48 m/a。由于冰川中部的坡度较大，造成了尽管该冰川整体呈减薄趋势，但其末端冰川厚度确有较明显的增加。

一剪梅 · 阿尼玛卿

（八日五点起床、七点飞机、十点到西宁，调研青海师大后，下

午三点飞机、四点到果洛，偶遇延安同期学习时的班长；翌日七点乘车两小时赴黄河源头，亲历阿尼玛卿雪山的科考大本营，4000 余米的海拔上感受科学家精神，心率依然快、血氧仍旧低，且将实际行动不负即将到来的入党 23 年庆）

果洛逢知若迩幽，心近青巅，情怯乡愁。
黄河千载溯源渊，不慕涓滴，何蕴奔流。
万仞激澄仰霄钧，风霜肩披，冰露湿眸。
梦回弱冠誓言铮，勤耕初春，满绽清秋。

写于 2021 年 5 月 9 日，果洛

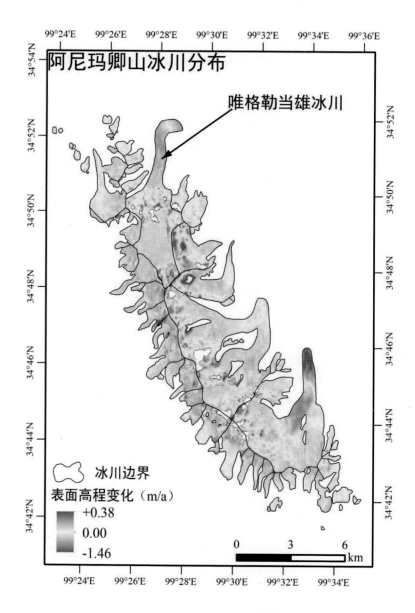

阿尼玛卿山冰川分布

唯格勒当雄冰川

冰川边界

表面高程变化（m/a）

+0.38
0.00
-1.46

0   3   6
km

2000—2013 年阿尼玛卿山冰川表面高程变化速率

拉萨、日喀则、珠峰

2022 年 7 月 27 日，CA4125，北京—拉萨

2022 年 7 月 30 日，CA4124，拉萨—北京

因为 5 月的新冠疫情未能在科考登顶珠峰时现场见证，幸好当日填词一首聊表心意。时至 7 月下旬，北京新冠疫情稳定了，彼时西藏又无新冠疫情，得以有机会实地学习。

27 日下午到的拉萨贡嘎机场，随即乘车赶往日喀则，沿着雅江两岸穿梭，除了有一段是新路外，其余都是左手峭壁右手江水的山路。当晚住在日喀则，高原反应有一些，但是心理作用比较大，吃了止疼药，时睡时醒。

28 日早上 6 时起床，吃了两个包子，7 时准时出发。路上的车不算多，但经过的检查站不少，在查验身份证件的同时偶尔也查核酸。因为是夏季，珠峰地区时而有雨，所以科考队的老师说，能否看见珠峰主要凭运气了。沿着颇具传奇色彩的 318 国道，中午时分进了珠峰国家公园，经过了数不清的拐弯后，13 时左右到了巅峰使命珠峰科考大本营的所在地。虽然有云层遮挡，但路上总算看到了珠峰峰顶。5300 米的海拔，尽管夏季的氧含量很不错了，但走路稍快还是有些反应。简单休整，半小时后返回到中国科学院的珠峰观测站，海拔 4500米左右，这是第二次青藏科考的重要基地。午餐后乘车返回日喀则，路况还好，就是检查站前会排队，晚上 8 时终于到了。

29 日乘车前往拉萨的中国科学院青藏所拉萨部，到了之后和科考队的专家交流珠峰科考的成果，有机会实地看了冰芯库，面积虽然不算大，但是保存的冰芯样品很丰富，既记载着自然界的秘密，又记录着科学家执着的追求和艰辛的考察经历。

点绛唇·珠峰考察

寄梦珠峰，勘冰测雪观生甯，
九霄浮艇，巅望西季并。
五载增华，四月双闻令。
忘凌顶，固边锋颖，踵事三极竞。

后记
青藏高原惠世价值的格局视角

参与第二次青藏科考工作，其实就是不断学习、思考、再学习、再思考的过程。自序的落款时间并非笔误，确实是成稿在一年之前了，碍于总在忙的自我借口，加之写作的角度和内容的结构不尽如人意，故而迟迟未能送印。趁着五一节，回顾最近一年的科考收获。2022 年 8 月 19 日是第二次青藏科考五周年的日子，在参与工作总结和下一阶段重点任务讨论的过程中，有了新的体会和认识。转眼科考队整装出发又赴珠峰了，于是写了这篇后记。

地理格局。亿万年的风云变幻，青藏高原独树一帜，既有多圈层的纵向展示，又有全球尺度的陆海横向铺陈。北大西洋大气环流的异常，或许就是高原雨雪雷电的肇始；三江源区的热力驱动效应，带来的将是南北半球跨域水分循环的变化；游隼从西伯利亚飞向南亚大陆的 7000 千米行程，途经的高原冰川却成了迁徙路线变迁的关键点；珠穆朗玛之巅与马里亚纳之深的微生物，竟然有着相似的代谢功能和环境适应性。尽管无法真实重现高原隆升的精细过程，但从地球系统论的视角看，青藏高原的存在改变了多圈层的空间分布，形成了大气圈、水圈的三极联动，积淀了岩石圈和地球深部过程的运动变化，保留了中低纬度独有的冰冻圈风貌，改变了生态圈和人类活动的进程。当然，也留给中国科学家最佳的研究机会和载体。

历史格局。历史的范畴包括人类的记忆，也记载着人类史之前的

故事。青藏高原的人类活动史经过科考的努力，推前至 20 万年左右，但相比其他生命乃至地质构造的历史，不过是时间长河中的一朵浪花。牛堡组和丁青组中的火山灰，映射出伦坡拉盆地 20 个百万年前的降雨模式，进而印证了高原曾有"香格里拉"的温润历史；陆相二叠系—三叠系层位中超富集的铜元素与伴生的汞异常，推测到 2.52 亿年前的特提斯酸性火山爆发，或许就是二叠纪末生物大灭绝的唯一推手；临夏盆地后山动物群的化石发现，不仅是一种新型动物（临夏羚）的出现，而且定年到了比非洲萨瓦纳岛羚更早的时代，生物大迁徙的出发点未必都在非洲；至于日行性的猫头鹰、高山栎的 Z 弯曲、夏河人与智人更近的亲缘关系，亚洲生物多样性源汇于此。循着高原留下的各种印记，青藏科考带来 fortuity & equilibrium 的感悟。

文明格局。高原独特的位势，形成了生态屏障，也改变了东西方文明各自的进程和彼此间的互动机会，影响着中华文明内部的稳定与发展。粟黍 4500 年前的驯化过程与时空路径，开阔出云贵高原的陆路通道，加持青铜技术、语言学的佐证，文明交流互鉴的案例或许早已存在；干旱与温润的交织变化，与吐蕃王朝历史更迭暗藏着高度相关的内在表达式；羌、氐、吐谷浑、宕昌等 20 余个部族从公元 1 年改写着高原政权的兴替进程，而中原朝代随着冷暖期的气候环境改变，渐次演变为相互之间的攻防与离合；唐蕃冲突频次的冷暖变化，延续着气候与历史的外在作用，却也提醒着"安史之乱"密集背后的内在因素。高原的高海拔、高寒减少了人类抵达的频次，特殊地理环境下人类的挑战更为艰巨，因之战胜困难的物质和技术基础必须更为坚实，人的精神动力和创造性必然被最大限度地激发，历史与地理交互形成了更具韧性的文化、文明。

时代格局。站在中华民族伟大复兴新征程的关键历史节点上，第二次青藏科考承载着科学研判的使命，面对永续发展的时代命题需要给出科考的答案与方案。从绿水青山出发，保护好青藏高原，守护好草木生灵，就是守住了山水林田湖草沙冰，守住了大江大河的源头，守住了高原对全中国的现实价值。从生态屏障出发，既是西南边陲的生态贡献，又是最丰富生物多样性的传承；既是生态资源的价值最大化，又是衍生的旅游休憩价值的持续呈现。人与自然和谐共生的现代化有了坚实的基础。从人类命运出发，共同应对气候变化的风险挑战，共同解决地质、气象、环境灾害的严重冲击，共同构筑绿色可持续的地球家园，需要用好青藏高原的指示器和风向标。从认识自然出发，了解构造演进的内在机理，掌握多圈层互馈的科学道理，从生物进化中找到新灵感，从生态变化中发现新规律，尊重自然才能休戚与共。

我们将继续奋进在青藏科考惠世价值的思索征途上。

2023 年 5 月